U0695640

The Way You Think Decides Your Life

思维
决定人生

王非　编著

光明日报出版社

图书在版编目（CIP）数据

思维决定人生 / 王非编著 . -- 北京：光明日报出版社，2012.1

（2025.4 重印）

ISBN 978-7-5112-1864-3

Ⅰ . ①思… Ⅱ . ①王… Ⅲ . ①思维方法—通俗读物 Ⅳ . ① B804-49

中国国家版本馆 CIP 数据核字 (2011) 第 225307 号

思维决定人生

SIWEI JUEDING RENSHENG

编　　著：王　非

责任编辑：李　娟　　　　　　　　　责任校对：华　胜

封面设计：玥婷设计　　　　　　　　责任印制：曹　净

出版发行：光明日报出版社

地　　址：北京市西城区永安路 106 号，100050

电　　话：010-63169890（咨询），010-63131930（邮购）

传　　真：010-63131930

网　　址：http://book.gmw.cn

E - mail：gmrbcbs@gmw.cn

法律顾问：北京市兰台律师事务所龚柳方律师

印　　刷：三河市嵩川印刷有限公司

装　　订：三河市嵩川印刷有限公司

本书如有破损、缺页、装订错误，请与本社联系调换，电话：010-63131930

开　　本：170mm×240mm

字　　数：200 千字　　　　　　　　印　张：15

版　　次：2012 年 1 月第 1 版　　　印　次：2025 年 4 月第 4 次印刷

书　　号：ISBN 978-7-5112-1864-3-02

定　　价：49.80 元

版权所有　翻印必究

序言

　　如果你的面前摆着一只水杯，杯子里面装着半杯水，你会用怎样的语言来描述它？

　　"我看到杯子中还有一半水"，还是"我看到杯子中一半没有水"？

　　这两种回答有什么区别吗？若从数学的角度来衡量这两句话，它们是可以画等号的。因为无论你怎样描述，都表述了一个事实：杯子的 1/2 空间装有水，另外 1/2 空间没有水。

　　然而，若从思维的角度来讲，两者是有着本质的区别的。看到杯中还有半杯水的人看到的是现在，是自己已经拥有的东西；看到杯中一半没有水的人看到的是空白，也就是看到了还未被开拓的那部分新领域。二者比较而言，看到现在的人很可能满足于当前的成绩，而难有更大的突破和前进；而看到空白的人则眼光放得更远，时时刻刻在寻觅着能够有更广阔的发展新空间。那么，二者最终所取得的成就也就会有差异了。这些，都源于他们思维的不同。

　　那么，思维究竟为何物呢？

　　心理学家与哲学家认为，思维是人类最本质的一种资源，是一种复杂的心理过程。他们将思维定义为：人脑经过长期进化而形成的一种特有的机能，是人脑对客观事物的本质属性和事物之间内在联系的规律性所做出的概括与间接的反应。

　　思维控制了一个人的思想和行动，也决定了一个人的视野、事业和成就。不同的思维会产生不同的观念和态度，不同的观念和态度产生不同的行动，不同的行动产生不同的结果。做任何事情，如果缺乏良好的思维就会自塞闭路，障碍重重，非但难以解决问题，而且还会使事情变得愈加复杂。只有具有良好的思维，才能化解生活的难题，收获理想的硕果。正确的思维是开拓成功道路的重要动力源。

　　本书向读者介绍了多种重要的思维方法，其最主要的目的就是帮助读者发掘出头脑中的资源，使大家掌握开启智慧的钥匙，同时，也为读者打开了多扇洞察世界的窗口。书中每一种思维方法为读者提供了思考问题的方式和角度，而各种思维本身又是相互交融、相互渗透的，在运用联想思维的同时，必然会伴随着形象思维，在运用逆向思维的时候，又会受到辩证思维的指引。这些思维方法的有机结合，为我们构建了全方位的视角，为各种问题的解决和思考维度的延伸提供了行之有效的指导。

　　这些思维方法可以帮助我们解决生活中的各种问题，使我们从容面对遭遇到的各种困境，无论是游戏、学习、工作、人际交往、经营管理，还是教育孩子、解决生活的困惑，都离不开这些思维方法的运用。它们就像一位位忠实的智者，时刻陪伴在我们身边，在我们最需要它们的时候各自大显神通。

　　思路决定出路，思维决定人生。改变命运，成就人生，从改变思维开始。

目录

第二章 发散思维
——一个问题有多种答案

第三章 收敛思维
——从核心解开问题的症结

第四章　加减思维
——解决问题的奥妙就在"加减"中

第五章　逆向思维
——答案可能就在事物的另一面

第六章　系统思维
——人类所掌握的最高级思维模式

第七章　类比思维
——比较是发现伟大的源泉

第八章 辩证思维
——真理就住在谬误的隔壁

第九章 换位思维
——站在对方位置，才能更清楚问题关键

第十章　逻辑思维
——透过现象看本质

第十一章　形象思维
——抽象的东西可以形象化

第十二章　博弈思维

——根据对方的选择确定自己的最优选择

改变思维，改变人生

思维：人类最本质的资源

鲁迅先生曾说过这样一段话："外国用火药制造子弹来打敌人，中国却用它做爆竹敬神；外国用罗盘来航海，中国却用它来测风水；外国用鸦片来医病，中国却拿它当饭吃。"我们在回味鲁迅先生的这番尖锐的评论时，不应只将其作为揭露国人悲哀的样板，更应当思考其中蕴涵的更深层的意义：面对同样的事物，中国人与外国人为什么会采取不同的态度？为什么会有截然不同的用途？

难道说中国人没有外国人聪明？但事实却是中国人发明火药、指南针的时间比外国人早了几百年。难道说中国人不思进取、甘愿落后？这恐怕也不符合事实。中国人一向以自强不息、积极向上的面孔示人。那么，我们只能将其归结为思维方法的不同。

思维是人类最本质的一种资源，是一种复杂的心理现象，心理学家与哲学家都认为思维是人脑经过长期进化而形成的一种特有的机能，并把思维定义为"人脑对客观事物的本质属性和事物之间内在联系的规律性所做出的概括与间接的反应"。我们所说的思维方法就是思考问题的方法,是将思维运用到日常生活中,用于解决问题的具体思考模式。

我们说,思路决定出路。因为思维方法不同,看问题的角度与方式就不同;因为思维方法不同,我们所采取的行动方案就不同;因为思维方法不同,我们面对机遇进行的选择就不同;因为思维方法不同,我们在人生路上收获的成果就不同。

有这样一个小故事,希望能对大家有所启发。

两个乡下人外出打工,一个打算去上海,一个打算去北京。可是在候车厅等车时,又都改变了主意,因为他们听邻座的人议论说,上海人精明,外地人问路都收费;北京人质朴,见吃不上饭的人,不仅给馒头,还送旧衣服。去上海的人想,还是北京好,赚不到钱也饿不死,幸亏车还没到,不然真是掉进了火坑。去北京的人想,还是上海好,给人带路都挣钱,还有什么不能赚钱的呢?我幸好还没上车,不然就失去了一次致富的机会。

于是他们在退票处相遇了。原来要去北京的得到了去上海的票,去上海的得到了去北京的票。去北京的人发现,北京果然好,他初到北京的一个月,什么都没干,竟然没有饿着。不仅银行大厅的太空水可以白喝,而且商场里欢迎品尝的点心也可以白吃。去上海的人发现,上海果然是一个可以发财的城市,干什么都可以赚钱,带路可以赚钱,开厕所可以赚钱,弄盆凉水让人洗脸也可以赚钱。只要想办法,花点力气就可以赚钱。

凭着乡下人对泥土的感情和认识,他从郊外装了 10 包含有沙子和树叶的土,以"花盆土"的名义,向不见泥土又爱花的上海人出售。当天他在城郊间往返 6 次,净赚了 50 元钱。一年后,凭"花盆土",他竟然在大上海拥有了一间小小的门面房。在长年的走街串巷中,他又有一个新发现:一些商店楼面亮丽而招牌较黑,一打听才知道是清洗公司只负责洗楼而不负责洗招牌的结果。他立即抓住这一空当,买了梯子、水桶和抹布,办起了一个小型清洗公司,专门负责清洗招牌。如今他的公司已有 150 多名员工,业务也由上海发展到了杭州和南京。

前不久,他坐火车去北京考察清洗市场。在北京站,一个捡破烂的人把头伸进卧铺车厢，向他要一个啤酒瓶，就在递瓶时，两人都愣住了，因为5年前他们曾经交换过一次车票。

我们常常感叹：面对相同的境遇，拥有相近的出身背景，持有相同的学历文凭，付出相近的努力，为什么有的人能够脱颖而出，而有的人只能流于平庸？为什么有的人能够飞黄腾达、演绎完美人生，而有的人只能一败涂地、满怀怨恨而终？

我们不得不说，这些区别和差距的产生往往也源于思维方法的不同。

成功者之所以成功，是因为他们掌握并运用了正确的思维方法。正确的思维方法可以为人们提供更为准确、更为开阔的视角，能够帮助人们洞穿问题的本质，把握成功的先机。而失败的人之所以失败，是因为他们不善于改变思维方法，陷入了思维的误区和解决问题的困境，就像一位工匠雕琢一件艺术品时选错了工具，最后得到的必然不会是精品。

为什么从苹果落地的简单事件中，只有牛顿能够引发万有引力的联想？为什么看到风吹吊灯的摆动，只有伽利略能够发现单摆的规律？为什么看到开水沸腾的景象，只有瓦特能够将其原理运用到蒸汽机的创造之中？因为他们运用了正确的思维方法，所以他们才能走在时代的最前沿。

思维是人类最本质的资源，又是足以影响人成败的关键因素，它就像蕴藏在大脑中的石油，只要合理地发掘和利用，就能够帮助我们创造出越来越多的奇迹和美好篇章；反之，若开掘无度、无章可循，只能造成资源的浪费与一生成就的湮没。

启迪思维是提升智慧的途径

我们一直都深信"知识就是力量"，并将其奉为金科玉律，认为只要有了文凭，有了知识，自身的能力就无可限量了。事实却不完全如此，下面这个小故事也许能够给你带来一些启示。

在很久以前的希腊，一位年轻人不远万里四处拜师求学，为的是能得到真才实学。他很幸运，一路上遇到了许多学识渊博者，他们感动于年轻人的诚心，将毕生的学识毫无保留地传授给了年轻人。可是让年轻人感到苦恼的是，他学到的知识越多，就越觉得自己无知和浅薄。

他感到极度困惑，这种苦恼时刻折磨着他，使他寝食难安。于是，他决定去拜访远方的一位智者，据说这位智者能够帮助人们解决任何难题。他见到了智者，便向他倾诉了自己的苦恼，并请求智者想一个办法，让他从苦恼当中解脱出来。

智者听完了他的诉说之后，静静地想了一会儿，接着慢慢地问道："你求学的目的是为了求知识还是求智慧?"年轻人听后大为惊诧，不解地问道："求知识和求智慧有什么不同吗?"那位智者笑道："这两者当然不同了，求知识是求之于外，当你对外在世界了解得越深越广，你所遇到的问题也就越多越难，这样你自然会感到学到的越多就越无知和浅薄。而求智慧则不然，求智慧是求之于内，当你对自己的内心世界了解得越多越深时，你的心智就越圆融无缺，你就会感到一股来自于内在的智性和力量，也就不会有这么多的烦恼了。"

年轻人听后还是不明白，继续问道："智者，请您讲得更简单一点好吗?"智者就打了一个比喻："有两个人要上山去打柴，一个早早地就出发了，来到山上后却发现自己忘了磨砍柴刀，只好用钝刀劈柴。另一个人则没有急于上山，而是先在家把刀磨快后才上山，你说这两个人谁打的柴更多呢?"年轻人听后恍然大悟，对智者说："您的意思是，我就是那个只顾砍柴而忘记磨刀的人吧!"智者笑而不答。

人们往往把知识与智慧混为一谈，其实这是一种错误的观念。知识与智慧并不是一回事，一个人知识的多少，是指他对外在客观世界的了解程度，而智慧水平的高低不仅在于他拥有多少知识，还在于他驾驭知识、运用知识的能力。其中，思维能力的强弱对其具有举足轻重的作用。

人们对客观事物的认识，第一步是接触外界事物，产生感觉、知觉和印象，这属于感性认识阶段;第二步是将综合感觉的材料加以整理和改造，逐渐把握事物的本质、规律，产生认识过程的飞跃，进而构成判断和推理，这属于理性认识阶段。我们说的思维指的就是这一阶段。

在现实生活中，我们常常看到有的人知识、理论一大堆，谈论起来引经据典、头头是道，可一旦面对实际问题，却束手束脚不知如何是好。这是因为他们虽然掌握了知识，却不善于通过开启思维运用知识。另有一些人，他们的知识不多，但他们的思维活跃、思路敏捷，能够把有限的知识举一反三，将之灵活地应用到实践当中。

南北朝的贾思勰，读了荀子《劝学篇》中"蓬生麻中，不扶而直"的话，他想：细长的蓬生长在粗壮的麻中会长得很直，那么，细弱的槐树苗种在麻田里，也会这样吗？于是他开始做试验，由于阳光被麻遮住，槐树为了争夺阳光只能拼命地向上长。三年过后，槐树果然长得又高又直。由此，贾思勰发现植物生长的一种普遍现象，并总结出了一套规律。

古希腊的哲学家赫拉克利特说：知识不等于智慧。掌握知识和拥有智慧是人的两种不同层次的素质。对于它们的关系，我们可以打这样一个比方：智慧好比人体吸收的营养，而知识是人体摄取的食物，思维能力是人体消化的功能。人体能吸收多少营养，不仅在于食物品质的好坏，也在于消化功能的优劣。如果一味地贪求知识的增加，而运用知识的思维能力一直在原地踏步，那么他掌握的知识就会在他的头脑当中处于僵化状态，反而会对他实践能力的发挥形成束缚和障碍。这就像消化不良的人吃了过多的食物，多余的营养无法吸收，反倒对身体有害。

我们一再强调思维的意义，绝非贬低知识的价值。我们知道，思维是围绕知识而存在的，没有了知识的积累，思维的灵活运用也会存在障碍。因此，学习知识和启迪思维是提升自身智慧不可偏废的两个方面。没有知识的支撑，智慧也就成了无源之水，无本之木；没有思维的驾驭，知识就像一潭死水，波澜不兴，智慧也就更无从谈起了。

环境不是失败的借口

有些人回首往昔的时候，不免满是悔恨与感叹：努力了，却没有得到应有的回报；拼搏了，却没有得到应有的成功。他们抱怨，抱怨自己的出身背景没有别人好，抱怨自己的生长环境没有别人优越，抱怨自己拥有的资源没有别人丰富。总之，外界的一切都成了他们抱怨的对象。在他们的眼里，环境的不尽如人意是导致失败的关键因素。

然而，他们错了。环境并不能成为失败的借口。环境也许恶劣，资源也许匮乏，但只要积极地改变自己的思维，一定会有更好的解决问题的办法，一定会得到"柳暗花明又一村"的效果。

我们身边的许多人，就是通过灵活地运用自己的思维，改变了不利的环境，使有限的资源发挥出了最大的效益。

广州有一家礼品店，在以报纸做图案的包装纸的启发下，通过联系一些事业单位低价收下大量发黄的旧报纸，推出用旧报纸免费包装所售礼品的服务。店主特地从报纸中挑选出特殊日子的或有特别图案的，并分类命名，使顾客还可以根据自己的个性和爱好选择相应的报纸。这种服务推出后，礼品店的生意很快就火了起来。

这家礼品店的老板不见得比我们聪明，他可以利用的资源也不比别的礼品店经营者的多，但他却成功了。因为他转变了思维，寻找到了一个新方法。

我们在做事过程中经常会遇到资源匮乏的问题，但只要我们肯动脑筋，善于打通自己的思维网络，激发脑中的无限创意，就一定能够将问题圆满解决。

总是有人抱怨手中的资源太少，无法做成大事。而一流的人才根本不看资源的多少，而是凡事都讲思维的运用。只要有了创造性思维，即使资源少一些又有什么关系呢？

1972 年新加坡旅游局给总理李光耀打了一份报告说：

"新加坡不像埃及有金字塔，不像中国有长城，不像日本有富士山，不像夏威夷有十几米高的海浪。我们除了一年四季直射的阳光，什么名胜古迹都没有。要发展旅游事业，实在是巧妇难为无米之炊。"

李光耀看过报告后，在报告上批下这么一行文字：

"你还想让上帝给我们多少东西？上帝给了我们最好的阳光，只要有阳光就够了！"

后来，新加坡利用一年四季直射的阳光，大量种植奇花异草、名树修竹，在很短的时间内就发展成为世界上著名的"花园城市"，连续多年旅游业收入位列亚洲第二。

是啊，只要有阳光就够了。充分地利用这"有限"的资源，将其赋予"无限"的创意思维，即使只具备一两点与众不同之处，也是可以取得巨大成功的。

每一件事情都是一个资源整合的过程，不要指望别人将所需资源全部准备妥当，只等你来"拼装"；也不要指望你所处的环境是多么的尽如人意。任何事情都需要你开启自己的智慧，改变自己的思维，积极地去寻找资源，没有资源也要努力创造资源。只有这样，才能渐渐踏上成功之路。

正确的思维为成功加速

思维是一种心境，是一种妙不可言的感悟。在伴随人们实践行动的过程中，正确的思维方法、良好的思路是化解疑难问题、开拓成功道路的重要动力源。一个成功的人，首先是一个积极的思考者，经常积极地想方设法运用各种思维方法，去应对各种挑战和应付各种困难。因此，这种人也较容易体味到成功的欣喜。

美国船王丹尼尔·洛维格就是一个典型的成功例子。

从他获得自己的第一桶金，乃至他后来拥有数十亿美元的资产，都和他善于运用思维，善于变通地寻找方法的特点息息相关。

当洛维格第一次跨进银行的大门，人家看了看他那磨破了的衬衫领子，又见他没有什么可作抵押的东西，很自然地拒绝了他的贷款申请。

他又来到大通银行，千方百计总算见到了该银行的总裁。他对总裁说，他把货轮买到后，立即改装成油轮，他已把这艘尚未买下的船租给了一家石油公司。石油公司每月付给的租金，就用来分期还他要借的这笔贷款。他说他可以把租契交给银行，由银行去跟那家石油公司收租金，这样就等于在分期付款了。

大通银行的总裁想：洛维格一文不名，也许没有什么信用可言，但是那家石油公司的信用却是可靠的。拿着租契去石油公司按月收钱，这自然是十分稳妥的。

洛维格终于贷到了第一笔款。他买下了他所要的旧货轮，把它改成油轮，租给了石油公司。然后又利用这艘船作抵押，借了另一笔款，又买了一艘船。

洛维格能够克服困难，最终达到自己的目的，他的成功与精明之处，就在于能够变通思维，用巧妙的方法使对方忽略他的一文不名，而看到他的背后有一家石油公司的可靠信用为他做支撑，从而成功地借到了钱。

和洛维格相仿，委内瑞拉人拉菲尔·杜德拉也是凭借积极的思维方法，不断找到好机会进行投资而成功的。在不到 20 年的时间里，他就建立了投资额达 10 亿美元的事业。

在 20 世纪 60 年代中期，杜德拉在委内瑞拉的首都拥有一家很小的玻璃制造公司。可是，他并不满足于干这个行当，他学过石油工程，他认为石油是个能赚大钱且更能施展自己才干的行业，他一心想跻身于石油界。

有一天，他从朋友那里得到一则信息，说是阿根廷打算从国际市场上采购价值 2000 万美元的丁烷气。得此信息，他充满了希望，认为跻身于石油界的良机已到，于是立即前往阿根廷活动，想争取到这笔合同。

去后，他才知道早已有英国石油公司和壳牌石油公司两个老牌大企业在频繁活动了。这是两家十分难以对付的竞争对手，更何况自己对石油业并不熟悉，资本又不雄厚，要成交这笔生意难度很大。但他并没有就此罢休，他决定采取迂回战术。

一天，他从一个朋友处了解到阿根廷的牛肉过剩，急于找门路出口外销。他灵机一动，感到幸运之神到来了，这等于向他提供了同英国石油公司及壳牌公司同等竞争的机会，对此他充满了必胜的信心。

他旋即去找阿根廷政府。当时他虽然还没有掌握丁烷气，但他确信自己能够弄到，他对阿根廷政府说："如果你们向我买 2000 万美元的丁烷气，我便买你 2000 万美元的牛肉。"当时，阿根廷政府想赶紧把牛肉推销出去，便把购买丁烷气的投标给了杜德拉，他终于战胜了两个强大的竞争对手。

投标争取到后，他立即筹办丁烷气。他随即飞往西班牙，当时西班牙有一家大船厂，由于缺少订货而濒临倒闭。西班牙政府对这家船厂的命运十分关切，想挽救这家船厂。

这一则消息，对杜德拉来说，又是一个可以把握的好机会。他便去找西班牙政府商谈，杜德拉说："假如你们向我买 2000 万美元的牛肉，我便向你们的船厂订制一艘价值 2000 万美元的超级油轮。"西班牙政府官员对此求之不得，当即拍板成交，马上通过西班牙驻阿根廷使馆，与阿根廷政府联络，请阿根廷政府将杜德拉所订购的 2000 万美元的牛肉，直接运到西班牙来。

杜德拉把 2000 万美元的牛肉转销出去之后，继续寻找丁烷气。他到了美国费城，找到太阳石油公司，他对太阳石油公司说："如果你们能出 2000 万美元租用我这条油轮，我就向你们购买 2000 万美元的丁烷气。"太阳石油公司接受了杜德拉的建议。从此，他便打进了石油业，实现了跻身于石油界的愿望。经过苦心经营，他终于成为委内瑞拉石油界的巨子。

洛维格与杜德拉都是具有大智慧、大胆魄的商业奇才。他们能够在困境中积极灵活地运用自己的思维，变通地寻找方法，创造机会，将难题转化为有利的条件，创造更多可以利用的资源。

这两个人的事例告诉我们：影响我们人生的绝不仅仅是环境，在很大程度上，思维控制了个人的行动和思想。同时，思维也决定了自己的视野、事业和成就。

思维决定着一个人的行为，决定着一个人的学习、工作和处世的态度。正确的思维可以为成功加速，只有明白了这个道理，才能够较好地把握自己，才能够从容地化解生活中的难题，才能够顺利地到达智慧的最高境界。

第一章

创新思维

——想到才能做到

拥有创新思维

创新，源自拉丁文，是"生长"的意思，也是源于古罗马五谷女神塞瑞斯的名字。创新的本意说明它不是天上掉下来的恩物，它源自大地，植根于生活的泥土中。

世界巨富比尔·盖茨在一次演讲中说道：可持续竞争的唯一优势来自于超过竞争对手的创新能力！

彼得·德鲁克说得更直接：要么创新，要么死亡！

松下幸之助也说："今后的世界并不是以武力统治，而是以创新支配。"要发展、要成功，必然是从创新入手，在创新中成功，依靠创新成功。

"上帝创造人类，人类创造历史。"任何新事物的产生都是对已有事物的否定，都是一种突破、一种创新。

人类社会发展进步的历史就是不断创新的历史。人类学会了驾驭马匹代替步行，当他们觉得马车仍不够快时，他们就幻想着能够像鸟一样自由地飞，于是就有了汽车，有了飞机。人类就是在不断创新中得到飞速的发展。

人们从科学技术日益迅猛的发展进步中，越来越深切地感受和认识到创新的重要和可贵。有识之士提出了响亮的口号："创新是21世纪的通行证。"

"创新思维"一词近年来成为使用率最高的词汇之一，在我们的生活和工作中被广泛地应用。创新思维一般是指以新颖、独特的方法解决问题的思维过程。通过这种思维，不仅能揭露客观事物的本质及其内部联系，而且在此基础上产生了新颖、独创、具有明显社会意义的思维成果。

许多成功人士的发展之路也是他们的创新之路，无论遇到怎样的困难与问题，创新思维总能适时地为他们排忧解难。

美国实业家罗宾·维勒的成功就是源于他的创新之举。

罗宾当时经营着一家小规模皮鞋加工厂，只有十几个雇工。他深知自己的加工厂规模太小，要挣到大笔的钱确非易事。自己只有薄弱的资本、微小的规模，根本不足以和强大的同行相抗衡。那么，如何在市场竞争中获得主动权，争取有利地位呢？

罗宾考虑了两种方案：

一是在皮鞋的用料上着眼。就是精选鞋料，使自己的皮鞋在质量上胜人一筹。然而，这条道路在白热化的市场竞争中行走起来非常困难，因为自己的产品产量比别人少得多，成本自然就比别人高，如果要选好的鞋料，成本就会大幅提高，这样不要说获利，就是继续维持经营也存在一定问题。显然，这条路很难走得通。

二是着手皮鞋款式改革，以新颖领先。罗宾认为这个方法比较妥当，只要自己能够翻出新花样、新款式，不断变换、不断创新，招招占人之先，就可以找到一条出路。如果自己设计的新款式为广大顾客所钟爱，那么利润就会接踵而至。

经过一番深思熟虑后，罗宾选择了第二种方案，走上了以款式取胜的发展新路子。

为了激发工人的创新积极性，他设立了一系列的奖励办法。这样一来，这家袖珍皮鞋加工厂，迅速掀起了一阵皮鞋款式设计的热潮，不到一个月，设计委员会就收到 40 多种设计草样，最终经过评选采用了其中 3 种款式较别致的鞋样。他立即召开全体员工大会，给这 3 名设计者颁发了奖金。

随后罗宾就安排了对这 3 种新款式皮鞋的试生产。第一次将每种新款式皮鞋试做 1000 双，制成后立即将其送往各大城市推销。结果市场反应相当好，这些鞋子几天内就销售一空。两星期后，罗宾的皮鞋加工厂收到 2700 多份数量庞大的订单，这使得罗宾终日忙于出入各大百货公司经理室，跟他们签订合约。

罗宾的皮鞋加工厂就这样逐渐地壮大了起来，3 年之后，他已经拥有了 18 间规模庞大的皮鞋加工厂了。

一个不成规模的小加工厂迅速发展成规模庞大的大加工厂，这都应归于创新的功劳。如果罗宾没有想到在皮鞋样式上革新，制做出新颖的款式，那么，他还不知要摸索多少年才能取得如今的成就，或许他早就被对手挤垮了，成了一个失败者。

创新思维存在两个基本特征：一是独创性，二是常态性。独创性是指在思路的探索上、思维的方式方法上敢于打破陈规陋习，敢于创立新事物、新理念。

为什么说创新思维具有常态性呢？

说到创新思维，我们立即会想起牛顿，想起爱因斯坦，仿佛创新就是他们这些专家学者的专利。

其实不然。创新无处不在、无时不有，在我们生活的每一个角落都存在着创新。这就是创新思维的常态性。

不要总认为小人物就应是平平凡凡、默默无闻的，小人物每天也都在有意无意、或多或少地进行创新的思维和创新的活动。

下面就是一个"小人物"运用创新思维顺利解决问题的故事。

几个装修工在帮助客户装修房子时遇到了一个问题：要把新电线

穿过一个 10 米长，但直径只有 2.5 厘米的管道，管道是砌在墙壁的砖石里，并且转了四个弯。

这可是个很难解决的问题：要把电线装好，看来就必须打烂墙壁，这样不仅要花费不少钱，房子的主人也很不愿意。

大家想了很多办法，但还是想不出不毁坏墙壁就让电线穿过去的方法。

突然间，一个员工想到了一个点子。大家一听，连连称妙。根据这个点子进行操作，果然很快就把问题解决了。

解决这一难题的主角，竟然是两只小白鼠！

他们到一个商店买来两只小白鼠，一只公一只母，然后把一根线绑在公鼠身上并把它放到管子的一端。

另一名工作人员则把那只母鼠放到管子的另一端，逗它"吱吱"地叫。公鼠听到母鼠的叫声，便沿着管子跑去救它。公鼠沿着管子跑，身后的那根线也被拖着跑。电线拴在线上，小公鼠就拉着线和电线跑过了整个管道。

这是一个比较简单的运用创新思维的案例，点子虽简单，却可以解决大问题，这就是创新思维的魅力所在。

创新思维是每一个人都拥有的，却不是每一个人都善于运用的。这需要我们在日常生活中加强创新思维的训练，并能够将其主动地运用到工作和生活中，这样，我们便可以把握住每一个创新的机会，让创新为我们的生活和工作增添新的光彩。

创新思维始于一种意念

事实上，我们每天都会产生创新思维。因为我们在时时刻刻地不断改变我们所持有的对世界的看法。

有人说，创新行为是一种偶然行为。不可否认，创新有其偶然性，但更多的创新实践者在创新的过程中是意识到他们的行为的意义与价值的。也就是说，他们知道自己是在创新，而且，他们有创新的欲望，创新思维已经深入他们的头脑，成为他们的一种意念。

有人称赞牛顿思路灵活、思维具有创造性，为人类做出了重大的贡献。牛顿说："我只是整天想着去发现而已。"牛顿的"整天想着去发现"就是一种创新的意念。

可以说，创新思维就始于创新的意念。在生活和工作中，如果我们能够像牛顿一样，具有强烈的创新意念，就一定会发现别人发现不了的东西。

王伟在一家广告公司做创意文案。一次，一个著名的洗衣粉制造商委托王伟所在的公司做广告宣传，负责这个广告创意的好几位文案创意人员拿出的东西都不能令制造商满意。没办法，经理让王伟把手中的事务先搁置几天，专心完成这个创意文案。

接连几天，王伟在办公室里抚弄着一整袋的洗衣粉，想："这个产品在市场上已经非常畅销了，人家以前的许多广告词也非常富有创意。那么，我该怎么下手才能重新找到一个点，做出既与众不同、又令人满意的广告创意呢？"

有一天，他在苦思之余，把手中的洗衣粉袋放在办公桌上，又翻来覆去地看了几遍，突然间灵光闪现，他想把这袋洗衣粉打开看一看。于是他找了一张报纸铺在桌面上，然后，撕开洗衣粉袋，倒出了一些洗衣粉，一边用手揉搓着这些粉末，一边轻轻嗅着它的味道，寻找感觉。

突然，在射进办公室的阳光下，他发现了洗衣粉的粉末间遍布着一些特别微小的蓝色晶体。审视了一番后，证实的确不是自己看花了眼，他便立刻起身，亲自跑到制造商那儿问这到底是什么东西，得知这些蓝色小晶体是一些"活力去污因子"。因为有了它们，这一次新推出的洗衣粉才具有了超强洁白的效果。

明白了这些情况后，王伟回去便从这一点下手，绞尽脑汁，寻找最好的文字创意，因此推出了非常成功的广告。

正因为整天都想着去发现、去创造，王伟才能够瞬间找到创作的灵感。同样，也正由于整天想着去发现，蒙牛的杨文俊才能想出方便消费者的好办法。

2002 年 2 月，时值春节，蒙牛液体奶事业本部总经理杨文俊在深圳沃尔玛超市购物时，发现人们购买整箱牛奶搬运起来非常困难。

由于当时是购物高峰，很多汽车无法开进超市的停车场，而商场停车管理员又不允许将购物手推车推出停车场，消费者只有来回好几次才能将购买的牛奶及其他商品搬上车，这一细节引起了杨文俊的重视。

此后，杨文俊就不断在思考这件事情，想着怎么样才能方便搬运整箱的牛奶。

一次偶然的机会，杨文俊购买了一台 VCD，往家拎时，拎出了灵感：

一台 VCD 比一箱牛奶要轻，厂家都能想到在箱子上安一个提手，我们为什么不能在牛奶包装箱上也装一个提手，使消费者在购物时更加便利呢？

这一想法在会上一经提出，就得到了大家的认同，并马上得以实施。

这个创意使蒙牛当年的液体奶销售量大幅度增长，同行也纷纷效仿。

现在看来，这一创意很简单。可为什么杨文俊能够提出来，而其他人却提不出来呢？原因就在于是否有创新的意识，是否能做到"整天想着去发现"。

我们常说"心想事成"，而"心想"是前提。如果没有"心想"的意念，自然不会产生"事成"的结果。创新思维的开启同样始于创新的意念。有了创新的意念，才能将创新更好地付诸行动。创新思维是可以培养的，只要拥有创新的意念，整天想着去发现，创新的念头和思路就会源源不断地涌现出来。

有创意就会有机会

我们常说"机遇只偏爱有准备的头脑"，何谓有准备呢？

过去，"有准备"指的是知识储备；但在以创新制胜的今天，光有知识储备是远远不够的，还需要创新思维与创新能力。运用创新思维产生了好的创意，就能够比别人更好地把握住机会，甚至可以创造机会。

所谓创意，就是拓宽思路，不断创造新点子，想人之所未想，为人之所不能为，从而以新、以奇取胜，用常规思维逻辑之外的想法赢得成功和收获！

下面这个故事的主人翁就是利用独特的创意在竞争中赢得机会的。

有家大型广告公司招聘高级广告设计师，面试的题目是要求每个应聘者在一张白纸上设计出一个自己认为是最好的方案，没有主题和内容的限制，然后把自己的方案扔到窗外。谁的方案最先设计完成，并且第一个被路人捡起来看，谁就会被录用。

设计师们开始了忙碌的工作，他们绞尽脑汁地描绘着精美的图案，甚至有的人费尽心思画出诱人的裸体美女。

就在其他人正手忙脚乱的时候，只有一个设计师非常迅速、非常从容地把自己的方案扔到了窗外，并引起路人的哄抢。

他的方案是什么呢？原来，他只是在那张白纸上贴上了一张面值100美元的钞票，其他的什么也没画。就在其他人还疲于奔命的时候，他就已经稳坐钓鱼台了。

彼得也是靠自己的创意得到加薪的机会的。

彼得和查理一起进入一家快餐店，当上了服务员。他俩的年龄一般大，也拿着同样的薪水，可是工作时间不长，彼得就得到老板的嘉奖，很快加了薪，而查理仍然在原地踏步。面对查理和周围人的牢骚与不解，老板让他们站在一旁，看看彼得是如何完成服务工作的。

在冷饮柜台前，顾客走过来要一杯麦乳混合饮料。

彼得微笑着对顾客说："先生，您愿意在饮料中加入1个还是2个鸡蛋呢？"

顾客说："哦，1个就够了。"

这样快餐店就多卖出1个鸡蛋，在麦乳饮料中加1个鸡蛋通常是要额外收钱的。

看完彼得的工作后，经理说道："据我观察，我们大多数服务员是这样提问的:'先生,您愿意在您的饮料中加 1 个鸡蛋吗?'而这时顾客的回答通常是:'哦,不,谢谢。'对于一个能够在工作中积极主动地发现问题、带着创意工作的员工,我没有理由不给他加薪。"

运用创新思维,可以克服工作中的困难,提升工作效率,为企业实现最大化的经济效益;同时,也为自己提供了更为广阔的发展空间,为实现自己的人生规划扣上了重要的一环。

世界很多知名企业都很尊重与欣赏员工的创意,并且设置了价值丰厚的奖励,3M 公司就是其中一家。3M 公司鼓励每一个员工都要具备这样一些品质:坚持不懈、从失败中学习、好奇心、耐心、个人主观能动性、合作小组、发挥好主意的威力等。

西门子公司也构建了一种遵循"无边界"的原则创新体系。西门子的创新体系不仅仅局限于研发部门,对内,西门子公司通过一个"3i计划"来收集所有部门员工的创新建议,并为提出建议的员工颁发奖金。3 个"i"字母分别来自 3 个单词:点子(ideas)、激情(impulses)、积极性(initiatives)。"3i 计划"的目标是让每个员工不断挖掘自身的潜能。那么,它的成效如何呢?西门子的每个财政年度,员工提出的"金点子"超过 10 万个,当中有 85% 得到采纳并得到嘉奖。同时,提供金点子的员工们也能为此得到总价值高达 2000 万欧元的红利奖金,获最高奖的员工分别得到十几万欧元的奖金。

西门子在德国的一个工厂车间工作的 3 位普通工人提出了把电子元件安装到印刷电路板上的新方法,从而降低了由操作造成的产品不良率,立即为公司降低了 12.3 万欧元的成本。这 3 位员工也因此分别获得了 2 万欧元的奖金。

美国著名的企业家哈默说:"天下没有坏买卖,只有蹩脚的买卖人。"在工作中能够创造多少价值,就看能够融入多少智慧,在工作中加入创新思维,也许可以产生意想不到的价值。

创新思维就是有这样非凡的作用与威力,创新思维的巧妙运用可以产生绝妙的创意。许多企业就是凭一个好的创意发达的,许多人就是靠奇妙的创意致富的。好的创意不仅能创造财富，更是财富的化身。也有人专门靠创意来赚钱，这就是大家耳熟能详的"点子公司"或"咨询公司"。

创新思维会陪伴人的一生，随时都会有很多好的创意产生，关键是要认识到它的价值，抓住机会，让创意付诸实践，成为财富增长的源泉。不要放弃任何一个好的创意，好的创意就是取得财富的机会。如果你具有这种能力，就应该把握生活与工作的最佳时机，用创新思维、用创意，为自己开辟一片崭新的天地。

打破思维的定式

曾经有一位专家设计过这样一个游戏：

十几个学员平均分为两队，要把放在地上的两串钥匙捡起来，从队首传到队尾。规则是必须按照顺序，并使钥匙接触到每个人的手。

比赛开始并计时。两队的第一反应都是按专家做过的示范：捡起一串，传递完毕，再传另一串，结果都用了 15 秒左右。

专家提示道："再想想，时间还可以再缩短。"

其中一队似乎"悟"到了，把两串钥匙拴在一起同时传，这次只用了 5 秒。

专家说："时间还可以再减半，你们再好好想想！"

"怎么可能 ?!"学员们面面相觑，左右四顾，不太相信。

这时，场外突然有一个声音提醒道："只是要求按顺序从手上经过，不一定非得传啊！"

另一队恍然大悟，他们完全抛开了传递方式，每个人都伸出一只手扣成圆桶状，摞在一起，形成一个通道，让钥匙像自由落体一样从上落下来，既按照了顺序，同时也接触了每个人的手，所花的时间仅仅是 0.5 秒！

美国心理学家邓克尔通过研究发现，人们的心理活动常常会受到一种所谓"心理固着效果"的束缚，即我们的头脑在筛选信息、分析问题、做出决策的时候，总是自觉或不自觉地沿着以前所熟悉的方向和路径进行思考，而不善于另辟新路。这种熟悉的方向和路径就是"思维的定式"。

人一旦陷入思维的定式，他的潜能便被抹杀了，离创新之路也就越来越远了。下面这个小实验也许可以说明这一点。

有一只长方形的容器，里面装了 5 千克的水。如何想个最简单的办法，让容器里的水去掉一半，使之剩下 2.5 千克。

有人说，把水冻成冰，切去一半；还有人说，用另一容器量出一半。但是最简便的方法，是把容器倾斜成一定的角度。相当于将一块长方形木块，从对角线锯成两块。如果是固体，人们很自然会从这方面去想；如果是液体，就要靠思维去分析。

这个例子说明，看问题既要看到事物的这一面，又要想到事物的另一面；平面可以看成立体，液体可以想象成固体，反之亦然。它属于平面几何学的范畴。平面几何学成功地把三维中的一些问题抽象成了二维，使许多问题得以简化；而在生活中，应避免将三维简化为二维的思维定式。

在荒无人烟的河边停着一只小船，这只小船只能容纳一个人。有两个人同时来到河边，两个人都乘这只船过了河。请问，他们是怎样过河的？很简单，两人是分别处在河的两岸，先是一个渡过河来，然后另一个渡过去。

对于这道题，有些人大概"绞尽了脑汁"。的确，小船只能坐一人，如果他们是处在同一河岸，对面又没有人，他们无论如何也不能都渡过去。当然，你可能也设想了许多方法，如一个人先过去，然后再用什么方法让小船空着回来等。但你为什么始终要想到这两个人是在同一个岸边呢？题目本身并没有这样的意思呀！看来，你还是从习惯出发，从而形成了"思维栓塞"。

思维定式是人们从事某项活动的一种预先准备的心理状态，它能够影响后续活动的趋势、程度和方式。构成思维定式的因素：一是有目的地注意。猎人能够在一位旅游者毫无察觉的情况下，发现潜伏在草丛中的野兽，就是定式的作用。二是刚刚发生的感知经验。在人多次感知两个重量不相等的钢球后，对两个重量相等的钢球也会感知为不相等。三是认知的固定倾向。如果给你看两张照片，一张照片上的人英俊、文雅，另一照片上的人凶恶、丑陋，然后对你说，这两人中有一个是全国通缉的罪犯，要你指出谁是罪犯，你大概不会犹豫吧！先前形成的经验、习惯、知识等都会使人们形成认知的固定倾向，影响后来的分析、判断，形成"思维栓塞"——即思维总是摆脱不了已有"框框"的束缚，从而表现出消极的思维定式。

对于创新思维的培养来说，思维的定式是比较可怕的，创新思维的缺乏也往往是由于自我设限造成的，随着时间的推移，我们所看到的、听到的、感受到的、亲身经历的各种现象和事件，一个个都进入我们的头脑中而构成了思维模式。这种模式一方面指引我们快速而有效地应对处理日常生活中的各种小问题，然而另一方面，它却无法摆脱时间和空间所造成的局限性，让人难以走出那无形的边框，而始终在这个模式的范围内打转转。

要想培养创新思维，必先打破这种"心理固着效果"，勇敢地冲破传统的看事物、想问题的模式，从全新的思路来考察和分析面对的问题，进而才有可能产生大的突破。

拆掉"霍布森之门"

何谓"霍布森之门"？

这源于一个"霍布森选择"的故事。关于"霍布森选择"的故事版本有很多，这里讲述比较通用的一个版本。

1631年，英国剑桥有一个名叫霍布森的马匹生意商人，对前来买马的人承诺：只要给一个低廉的价格，就可以在他的马匹中随意挑选，但他附加了一个条件：只允许挑选能牵出圈门的那匹马。

这显然是一个圈套，因为好马的身形都比较大，而圈门很小，只有身形瘦小的马才能通过。实际上这是限定了范围的选择，虽然表面看起来选择面很广。那扇门即所谓的"霍布森之门"。

那么，"霍布森之门"与创新思维有关联吗？

当然有。

因为我们的头脑中都存在一个或大或小的"霍布森之门"。它就是我们对事物的固有判断。

在工作与生活中，我们常会遇到这样的情况，一方面是广泛地学习和接受新事物，也决定从中选择一些好的方向或建议，但最终都通不过一些固有的观念所造成的小门，只不过这扇门存在于自己的心中，不易被我们察觉。而正是这扇小门，成了我们迈向成功的障碍，甚至会使我们丧失解决问题的自信。

就像在我们的固有的观念中，推销一把斧子给当今美国总统简直是天方夜谭。但一位名叫乔治·赫伯特的推销员却成功地做到了。

布鲁金斯学会得知乔治把斧子推销给了当今美国总统这一消息，立即把刻有"最伟大推销员"的一只金靴子赠予了他。这是自1975年以来，该学会的一名学员成功地把一台微型录音机卖给尼克松后，又一学员登上如此高的门槛。

布鲁金斯学会以培养世界上最杰出的推销员著称于世。它有一个传统，在每期学员毕业时，设计一道最能体现推销员能力的实习题，让学生去完成。克林顿当政期间，他们出了这么一个题目：请把一条三角裤推销给现任总统。8年间，有无数个学员为此绞尽脑汁，可是最后都无功而返。克林顿卸任后，布鲁金斯学会把题目换成：请把一把斧子推销给小布什总统。

鉴于前8年的失败与教训，许多学员知难而退，个别学员甚至认为，这道毕业实习题会和克林顿当政期间一样毫无结果，因为现在的总统什么都不缺少，再说即使缺少，也用不着他亲自购买。即便他亲自购买，也不一定赶上正是你去推销。

然而，乔治·赫伯特却做到了，并且没有花多少工夫。一位记者在采访他的时候，他是这样说的："我认为，把一把斧子推销给小布什总统是完全可能的，因为布什总统在得克萨斯州有一农场，里面长着许多树。于是我给他写了一封信，说：'有一次，我有幸参观你的农场，发现里面长着许多矢菊树，有些已经死掉，木质已变得松软。我想，你一定需要一把小斧头，但是从你现在的体质来看，一些新小斧头显然太轻，因此你仍然需要一把不甚锋利的老斧头。现在我这儿正好有一把这样的斧头，很适合砍伐枯树。假若你有兴趣的话，请按这封信所留的信箱，给予回复……'最后他就给我汇来了 15 美元。"

事后，很多人发出感叹：啊，原来这么简单！可为什么那些人没有去尝试呢？因为他们头脑中已经有了一道"霍布森之门"，除了"向总统推销东西不可能成功"这一观念外，没有任何观念能够通过这道门。这道门，已经封锁了他们的前进之路。

"霍布森之门"在企业创新中的影响也极为显著。有的企业准备上一个新项目，经多方论证后，已经没有什么问题了，最后却因为决策者的保守观念而放弃。

2004 年底，IBM 公司宣布将把个人电脑部门出售给联想的时候，很多人就觉得不可思议。IBM 出售个人电脑部门的原因很复杂，但从全球计算机行业的发展来看，个人电脑业务已经过了高速增长的阶段，难以再像以前那样创造高额的利润。所以 IBM 计划把未来的发展战略进一步向纵深发展，涉足技术服务、咨询业务、软件业务、大型计算机网络和互联网等领域，这些领域远远比个人电脑业务更有利润可图。尽管大家都知道 IBM 出售个人电脑业务是出于发展战略调整的需要，但在很多人眼中，IBM 就是曾经的电脑代名词，觉得卖掉起家时的支柱在情感上难以接受。

既然是一桩合情合理的生意，为什么不能做？可见，我们在心中对一个企业的所谓定位就是一扇"霍布森之门"，纵有再多的创新想法，在遇到这些前提或限定的时候，也只能让位于情感上的保守。

要培养自己的创新思维，就必须找出我们心中的那扇"霍布森之门"，并鼓起勇气拆掉它。这样，你才能敢于放手去做你想做的事情，去开拓一片更加广阔的天地，进行更加丰富的选择。

突破 "路径依赖"

我们都知道现代铁路两条铁轨之间的标准距离是固定的，无论哪个国家、哪个地区，这一数值都是 4 英尺又 8.5 英寸（1.435 米）。也许你会对这个标准感到费解，为什么不是整数呢？这就要从铁路的创建说起了。

早期的铁路是由建电车的人所设计的，而 4 英尺又 8.5 英寸正是电车所用的轮距标准。那电车的轮距标准又是从何而来的呢？这是因为最先造电车的人以前是造马车的，所以电车的标准是沿用马车的轮距标准。马车又为什么要用这个轮距标准呢？这是因为英国马路辙迹的宽度是 4 英尺又 8.5 英寸，所以如果马车用其他轮距，它的轮子很快会在英国的老路上撞坏。原来，整个欧洲，包括英国的长途老路都是由罗马人为其军队所铺设的，而 4 英尺又 8.5 英寸正是罗马战车的宽度。罗马人以 4 英尺又 8.5 英寸为战车的轮距宽度的原因很简单，这是牵引一辆战车的两匹马屁股的宽度。

马屁股的宽度决定了现代铁轨的宽度，也许你会觉得有几分可笑，但事实就是如此。这一系列的演进过程，也十分形象地反映了路径依赖的形成和发展过程。

"路径依赖"这个名词，是美国斯坦福大学教授保罗·戴维在《技术选择、创新和经济增长》一书中首次提出的。最初出现在制度变迁中，由于存在自我强化的机制，这种机制使得制度变迁一旦走上某一路径，它的既定方向在以后的发展中将得到强化。

路径依赖也反映了我们思路的演变轨迹，思维会受既定的标准所限制，而难以有所突破。这种现象在生活中也是普遍存在的。

春秋时期的一天，齐桓公在管仲的陪同下，来到马棚视察。他一见养马人就关心地询问："马棚里的大小诸事，你觉得哪一件事最难?"养马人一时难以回答。这时，在一旁的管仲代他回答道："从前我也当过马夫，依我之见，编排用于拦马的栅栏这件事最难。"齐桓公奇怪地问道："为什么呢?"管仲说道："因为在编栅栏时所用的木料往往曲直混杂。你若想让所选的木料用起来顺手，使编排的栅栏整齐美观、结实耐用，开始的选料就显得极其重要。如果你在下第一根桩时用了弯曲的木料，随后你就得顺势将弯曲的木料用到底，笔直的木料就难以启用。反之，如果一开始就选用笔直的木料，继之必然是直木接直木，曲木也就用不上了。"

管仲虽然不知道"路径依赖"这个理论，却已经在运用这个理念来说明问题了。他表面上讲的是编栅栏建马棚的事，但其用意是在讲述治理国家和用人的道理。如果从一开始就做出了错误的选择，那么后来就只能是将错就错，很难纠正过来。由此可见"路径依赖"的可怕，如果最初的思路是错误的，也就难以得到正确的结果了。

我们在生活中、工作中常常会遇到"路径依赖"的现象，使思维陷入对传统观念的依赖中。这种依赖是创新路上的一块绊脚石，要想有所创新，就要努力突破"路径依赖"，开辟一条新的路径，像下面故事中的 B 公司销售人员一样。

A 公司和 B 公司都是生产鞋的，为了寻找更多的市场，两个公司都往世界各地派了很多销售人员。这些销售人员不辞辛苦，千方百计地搜集人们对鞋的各种需求信息，并不断地把这些信息反馈给公司。

有一天，A 公司听说在赤道附近有一个岛，岛上住着许多居民。A 公司想在那里开拓市场，于是派销售人员到岛上了解情况。很快，B 公司也听说了这件事情，他们唯恐 A 公司独占市场，也赶紧把销售人员派到了岛上。

两位销售人员几乎同时登上海岛，他们发现海岛相当封闭，岛上的人与大陆没有来往，他们祖祖辈辈靠打鱼为生。他们还发现岛上的人衣着简朴，几乎全是赤脚，只有那些在礁石上采拾海蛎子的人为了避免礁石硌脚，才在脚上绑上海草。

　　两位销售人员一到海岛，立即引起了当地人的注意。他们注视着陌生的客人，议论纷纷。最让岛上人感到惊奇的就是客人脚上穿的鞋子，岛上人不知道鞋子为何物，便把它叫作脚套。他们从心里感到纳闷：把一个"脚套"套在脚上，不难受吗？

　　A 公司的销售人员看到这种状况，心里凉了半截，他想，这里的人没有穿鞋的习惯，怎么可能建立鞋的市场？向不穿鞋的人销售鞋，不等于向盲人销售画册、向聋子销售收音机吗？他二话没说，立即乘船离开海岛，返回了公司。他在写给公司的报告上说："那里没有人穿鞋，根本不可能建立起鞋的市场。"

　　与 A 公司销售人员的情况相反，B 公司的销售人员看到这种状况时心花怒放，他觉得这里是极好的市场，因为没有人穿鞋，所以鞋的销售潜力一定很大。他留在岛上，与岛上人交上了朋友。

　　B 公司的销售人员在岛上住了很多天，他挨家挨户做宣传，告诉岛上人穿鞋的好处，并亲自示范，努力改变岛上人赤脚的习惯。同时，他还把带去的样品送给了部分居民。这些居民穿上鞋后感到松软舒适，走在路上他们再也不用担心扎脚了。这些首次穿上了鞋的人也向同伴们宣传穿鞋的好处。

　　这位有心的销售人员还了解到，岛上居民由于长年不穿鞋的缘故，与普通人的脚形有一些区别，他还了解了他们生产和生活的特点，然后向公司写了一份详细的报告。公司根据这些报告，制作了一大批适合岛上人穿的鞋，这些鞋很快便销售一空。不久，公司又制作了第二批、第三批……B 公司终于在岛上建立了皮鞋市场，狠狠赚了一笔。

　　按照传统路径，海岛上的居民不穿鞋子，鞋子又怎会在这里有市场呢？然而，B 公司的销售人员却突破了对这一路径的依赖，用创新的方法使居民认识到穿鞋的好处，就这样，轻而易举地打开了一片新的市场。

　　"路径依赖"理论不仅为我们显现了禁锢思想的原因，同时也提出了解除这种禁锢的方法，那就是从源头上突破对某一种观点或规范的依赖，尝试用一种全新的方法，走一条全新的道路。尝试为创新思维开辟一片发展的空间，在这片自由的天空下，将创造力发挥到极致，取得生活与事业的双赢。

别再恪守老经验

在日常生活中，有些人习惯于遵循老传统，恪守老经验，宁愿平平淡淡做事，安安稳稳生活，日复一日、年复一年地从事别人为他们安排好的重复性劳动，不敢有一丝的"出格"行为，对于那些未知的东西更是心中充满了畏惧。

这些人思想守旧，心不敢乱想，脚不敢乱走，手不敢乱做，凡事小心翼翼，中规中矩，虽然办事稳妥，但也不会有创造力，不懂得如何创造性地完成任务，也就不可能将工作做到卓越。下面这个故事中的主人翁，就是由于固守老经验不放手而有了那次悲惨的遭遇。事后，他悔恨地感叹：都是老经验害了他们，如果当时能够冒险试一试，哪怕只试一次，其他的船员也不会丧生孤岛。

那一次，他所在的远洋海轮不幸触礁，沉没在汪洋大海里。船上包括他在内的 9 位船员拼死登上一座孤岛，才暂时得以幸存下来。

但接下来的情形更加糟糕。岛上除了石头，还是石头，没有任何可以用来充饥的东西。更为要命的是，在烈日的暴晒下，每个人都口渴得冒烟，水成了最珍贵的东西。

尽管四周都是水——海水，可谁都知道，海水又苦又涩又咸，饮用过后反而会更加口渴，最终会因严重脱水而死亡。现在 9 个人唯一的生存希望是老天爷下雨或过往船只发现他们。

等啊等，没有任何下雨的迹象，天际除了海水还是一望无际的海水，没有任何船只经过这个死一般寂静的岛。渐渐地，他们支撑不下去了。

其他 8 名船员相继渴死，只剩下他一个。饥渴、恐惧、绝望环绕在他的四周，当他也快要渴死的时候，他实在忍受不住，跳进海水里，"咕嘟咕嘟"地喝了一肚子海水。他喝完海水，一点儿也觉不出海水的苦涩味，相反觉得这海水非常甘甜，非常解渴。他想：也许这是自己死前的幻觉吧，便静静地躺在岛上，等着死神的降临。

他睡了一觉，醒来后发现自己还活着，感到非常奇怪，于是他每天靠喝海水度日，终于等来了过往的船只。

他得以生还后，大家都很奇怪这片海水为什么是甘甜的可饮用水，后来有关专家化验岛上的海水发现，这片海下有一口地下泉。由于地下泉水的不断翻涌，所以，这儿的海水实际上是可口的泉水。

谁都知道"海水是咸的"、"根本不能饮用"，这是基本的常识，因此8名船员被渴死了。追根究底，还是老经验害死了他们。而第9名船员在求救无望的生死之际，颠覆了老经验，做出了异于常人的举动，而正是这一举动使他找到了一线生存的希望。

这个故事也告诉我们，再好的经验也会成为过去，如同高科技产品一样，今天是博览会上的高、精、尖，明天就可能成为博物馆里的"古董"。下面小虎鲨的故事也见证了这一点。

小虎鲨的故事是西点军校学员的"反面教材"。

小虎鲨长在大海里，当然很习惯大海中的生存之道。肚子饿了，小虎鲨就努力找大海中的其他鱼类吃，虽然有时候要费些力气，却也不觉得困难。有时候，小虎鲨必须追逐很久才能猎到食物。这种难度，随着小虎鲨经验的增长越来越不是问题，并不对小虎鲨的生存造成影响。

很不幸，小虎鲨在一次追逐猎物时被人类捕捉住了。离开大海的小虎鲨还算幸运，一个研究机构把他买了去。关在人工鱼池中的小虎鲨虽然不自由，却不愁猎食，研究人员会定时把食物送到池中。

有一天，研究人员将一片又大又厚的玻璃放入池中，把水池分割成两半，小虎鲨却看不出来。研究人员把活鱼放到玻璃的另一边，小虎鲨等研究人员放下鱼后，就冲了过去，结果撞到玻璃，疼得眼冒金星，却什么也没吃到。小虎鲨不信邪，过了一会儿，看准了一条鱼，"咻"地又冲过去，这一次撞得更痛，差点没昏倒，当然也没吃到鱼。休息10分钟后，小虎鲨饿坏了，这次看得更准，盯住一条更大的鱼，"咻"

地又冲过去，情况仍没有改变，小虎鲨撞得嘴角流血。它想，这到底是怎么回事？小虎鲨趴在池底思索着。

最后，小虎鲨拼着最后一口气，再冲！但是仍然被玻璃挡住，这回撞了个全身翻转，鱼还是吃不到。小虎鲨终于放弃了。

不久，研究人员又来了，把玻璃拿走，又放进小鱼。小虎鲨看着到口的鱼食，却再也不敢去吃了。

西点军校的教官告诫学员：人类也很容易像小虎鲨一样被过去的经验所限制，如果你不想没有食物吃，那就勇敢地跨过经验这道门槛。

经验告诉我们的只是过去成功的过程，而不是未来如何成功。你千万不要以为在人生这个广袤的大海里，只能抱着那些曾经的经验，在祖辈开辟的领海中游弋。与恪守老经验的人不同，具有创新思维的人长了一身的"反骨"。别人拿苹果直着切，他偏偏横着切，看看究竟有什么不同；别人说"不听老人言，吃亏在眼前"，他偏不听，偏要自己闯闯看。具有创新思维的人不愿死守传统，不愿盲从他人，凡事喜欢自己动脑筋，喜欢有自己的独立见解。他们思想开放，不拘小节，兴趣广泛，好奇心重，喜欢标新立异，最爱别出心裁。因此，具有创新思维的人脑瓜活、办法多，最能创造出好成绩。

我们都很钟爱老经验，因为经验毕竟是前人智慧的积累，是我们伸手即可取之的做事准则。但是，在当今信息瞬息万变的时代，经验已经不能代表一切，恪守老经验也不等于永远正确，更加阻碍了创新思维的发挥。所以，在生活、工作中，我们应该利用好老经验，而不是受它的束缚。

超越一切常规

谁也不能揪着自己的头发离开地面，唯有一种突破常规的超越力量，唯有基于解放思想束缚后所产生的巨大能量释放，才能有柳暗花明的惊喜和峰回路转的开阔。

　　培养创新思维，首先就要做好思想上的准备——敢于超越常规，超越传统，不被任何条条框框所束缚，不被任何经验习惯所制约。只有这样，才能产生更宽广的思绪与触觉。

　　1813 年，曾以成功进行人工合成尿素实验而享誉世界的德国著名化学家维勒，收到老师贝里齐乌斯教授寄给他的一封信。

　　信是这样写的：

　　从前，一个名叫钒娜蒂丝的既美丽又温柔的女神住在遥远的北方。她究竟在那里住了多久，没有人知道。

　　突然有一天，钒娜蒂丝听到了敲门声。这位一向喜欢幽静的女神，一时懒得起身开门，心想，等他再敲门时再开吧。谁知等了好长时间仍听不见动静，女神感到非常奇怪，往窗外一看：原来是维勒。女神望着维勒渐渐远去的背影，叹气道：这人也真是的，从窗户往里看看不就知道有人在，不就可以进来了吗？就让他白跑一趟吧。

　　过了几天，女神又听到敲门声，依旧没有开门。

　　门外的人继续敲。

　　这位名叫肖夫斯唐姆的客人非常有耐心，直到那位漂亮可爱的女神打开门为止。

　　女神和他一见倾心，婚后生了个儿子叫"钒"。

　　维勒读罢老师的信，唯一能做的就是一脸苦笑地摇了摇头。

　　原来，在 1830 年，维勒研究墨西哥出产的一种褐色矿石时，发现一些五彩斑斓的金属化合物，它的一些特征和以前发现的化学元素"铬"非常相似。对于铬，维勒见得多了，当时觉得没有什么与众不同的，就没有深入研究下去。

　　一年后，瑞典化学家肖夫斯唐姆在本国的矿石中，也发现了类似"铬"的金属化合物。他并不是像维勒那样把它扔在一边，而是经过无数次实验，证实了这是前人从没发现的新元素——钒。

　　维勒因一时疏忽而把一次大好时机拱手让给了别人。

　　种种习惯与常规随时间的沉淀，会演变成一种定式、枷锁，阻碍人们的突破和超越。生活中常规的层层禁锢所产生的连锁效应不止于此，我们要做的工作就是打破一切规则，只有敢于超越，才能赢得创造。

现在市场上的罐装饮料，很重要的一种是茶饮料。罐装茶饮料始于罐装乌龙茶，它的开发者是日本的本庄正则。

千百年来，人们习惯于用开水在茶壶中泡茶，用茶杯等茶具饮茶，或是品尝，或是社交，或是寓情于茶。而易拉罐茶饮料则是提供凉茶水，作用是解渴、促进消化、满足人体的种种需求。将凉茶水装罐出售是违反常识的，它抛开了茶文化的重要内涵，取其"解渴、促进消化"的功能。将乌龙茶开发成罐装饮料的成功创意，产生了经营上"出奇制胜"的效果。在公司经营上，这种看似违反常规的行为，实则是一种不错的经营之道。

本庄正则从 20 世纪 60 年代中期开始涉足茶叶流通业，他购买了一个古老的茶叶商号——伊藤园，并把它作为自己公司的名称。

伊藤园发展成茶叶流通业第一大公司，本庄正则投资建设了茶叶加工厂，把公司的业务从销售扩大到加工。1977 年，伊藤园开始试销中国乌龙茶，并在短时间内获得畅销。但到了 20 世纪 80 年代，乌龙茶的销售达到了巅峰并开始出现降温倾向。

在这种情况下，本庄正则必须思变，否则事业将遭受沉重的打击。乌龙茶不好销了，茶叶的新商机在哪里呢？

早在 20 世纪 70 年代初茶叶风靡日本时，本庄正则就萌生了开发罐装茶的创意，但当时的技术人员遭遇到了"不喝隔夜茶"这一拦路虎，因为茶水长时期放置会发生氧化、变质现象，不再适宜饮用。因此，罐装乌龙茶的创意暂时不可能实现。

要使罐装乌龙茶具有商机，必须攻克茶水氧化的难关，从创造的角度上讲，这也是主攻方向。

于是，本庄正则投资聘请科研人员研究防止茶水氧化的课题。时隔一年，防止氧化的难题解决了，本庄正则当机立断开发罐装乌龙茶。

在讨论这项计划时，12 名公司董事中有 10 名表示反对，因为把凉茶水装罐出售是违反常识的。然而，长期销售茶叶的经验告诉本庄正则，每到盛夏季节，茶叶销量就要剧减，而各种清凉饮料的销量则猛增。他坚信，如果在夏季推出易拉罐乌龙茶清凉饮料，一定会大有市场。在本庄正则的坚持下，伊藤园开发的易拉罐乌龙茶清凉饮料于 1988 年夏季首次上市，大受消费者欢迎。乌龙茶销售又再现高潮，而且经久不衰，直到今天。

试想，如果不是本庄正则有超越常规的创新思维，敢于不按常理出牌，也就不会有乌龙茶销售的再一次热潮，更不会有茶饮料丰富样式的出现。

这也说明了，进行创新性活动切不可把创造的方向确定在某一样式上，而应不拘一格，超越常规也未尝不可，这样反而能出奇制胜，开创佳绩。

独立思考是创新思维的助手

有一天晚上，卢瑟福走进实验室，当时已经很晚了，见一个学生仍俯身在工作台上，便问道："这么晚了，你还在干什么呢？"

学生回答说："我在工作。"

"那你白天干什么呢？"

"我也工作。"

"那么你早上也在工作吗？"

"是的，教授，早上我也工作。"

于是，卢瑟福向他提出了一个问题："那么这样一来，你用什么时间思考呢？"

思考？这个学生之前显然没有意识到这个问题，做学问还要思考！

后来，这个学生通过仔细观察发现，每天傍晚，不管实验工作进行得顺利还是不顺利，卢瑟福总是在走廊里散步，那种神情表明他正在思考。

卢瑟福经常对学生说："不要死记硬背，也不要满足于实验，而要学会思考。只有勤于和善于思考的人，才能获得知识，取得成就。"做研究如此，做任何事情都是如此。思考是我们的思路通往外界的一扇窗，通过思考，我们的思维才能够在知识的天空翱翔，取得出众的成果。

思考的方法有很多种，其中又以独立思考为最重要。因为，独立的思考能力是现代创造性活动的基本要求。具体来说，独立的思考能力是针对具体问题进行深入分析而提出自己的独创见解的能力，它也是一种运用已经掌握的理论知识和已经积累的经验教训，独立地、创造性地分析和解决实际问题的综合能力。

我们在创造性活动中，要善于根据实际情况进行独立的分析和思考，对问题的认识和解决有独创见解，不受他人暗示的影响，不依赖于他人的结论，努力防止思想的依赖性。

从某种程度来讲，工作就是一个思考的过程；工作取得进步，就是一个思考深入的过程。思考得多了，想到的方法自然就多了。当一个猎人打了一只兔子时，他就会想办法去猎一只鹿；当他猎到一只鹿时，他就会想如何去打一只熊。只有这样不断地思考，不断地寻找更好更有效的办法，才有可能成为一名优秀的猎人。工作何尝不是一个猎人的思考过程呢？

很多成功的创新人士和发明专家都是十分重视独立思考的力量的。

我国有一个小学三年级的学生一次随他爸爸去宾馆，迎面看见墙上并列排着7座大钟，分别显示世界各地当时的准确时间。可为什么要挂那么多钟？

不能仅用一座钟来表示各地的时间吗？他坚持认为挂钟多，既占地方又费钱。他年纪虽小，但善于独立思考，经过多次试验，发明出"新式世界钟"，这种钟可代替那7座钟的功能，被评为全国青少年发明创新一等奖。

一位智者强调，要培养你的创新思维，一定要养成独立思考、刻苦钻研的良好习惯，千万不要人云亦云，读死书，死读书。

人性中普遍存在着两个相反的特质，这两个特质都是积极思考的绊脚石。

轻信（不凭证据或只凭很少的证据就相信）是人类的一大缺点，独立思考者的脑子里永远有一个问号，你必须质疑企图影响正确思考的每一个人和每一件事。

这并不是缺乏信心的表现。事实上，它是尊重造物主的最佳表现，因为你已了解到你的思想，是从造物主那儿得到的唯一可由你完全控制的东西，而你应该珍惜这份福气。

如果你是一位独立的思考者，你就是你思维的主人，而非奴隶。你不应给予任何人控制你思想的机会，你必须拒绝错误的倾向。

人们往往会接受那些一再出现在脑海中的观念——无论它是好的或是坏的，是正确的或是错误的。

人类另一项共同的弱点，就是不相信他们不了解的事物。

当莱特兄弟宣布他们发明了一种会飞的机器，并且邀请记者亲自来观看时，没有人接受他们的邀请。当马可尼宣布他发明了一种不需要电线就可传递信息的方法时，他的亲戚甚至把他送到精神病院去检查，他们还以为他失去了理智呢！

在没有弄清楚之前，就采取鄙视的态度，只会限制你的机会、信心、热忱以及创造力。不要认为未经证实的事情和任何新的事物都是不可能的。独立思考的目的，在于帮助你了解新观念或不寻常的事情，而不是阻止你去研究它们。

爱因斯坦对为他写传记的作家塞利希说："我没有什么特别才能，不过喜欢寻根究底地追求问题罢了。"在这个寻根究底的过程中，最常用的方法就是思考。他自己深有体会地说："学习知识要善于思考、思考、再思考，我就是靠这个学习方法成为科学家的。"

"数字化教父"尼葛洛·庞蒂说："我不做具体研究工作，只是在思考。"

达尔文说："我耐心地回想或思考任何悬而未决的问题，甚至连费数年亦在所不惜。"

牛顿说："思索，持续不断地思索，以待天曙，渐渐地见得光明。如果说我对世界有些微薄贡献，那不是由于别的，只是由于我的辛勤耐久的思索所致。"他甚至这样评价思考："我的成功当归功于精心的思索。"

从这些名言中，我们不难得出这样一个道理：思考是一个人有所创造最重要、最基本的心理品质，独立思考是创新思维的助手。所以，养成独立思考的习惯，是要成大事的人必备的条件。

培养创新思维就要敢为天下先

谈到创新思维，人们会格外关注这个"新"字。既是创新，就应该有一些新想法、新举动，哪怕这是前人所不曾有的意念与行为。善于运用创新思维的人就要有"吃第一只螃蟹"的勇气，有"敢为天下先"的魄力。

尤伯罗斯就是这样一位"敢为天下先"的创新思维运用者。

1984 年以前的奥运会主办国，几乎是"指定"的。对举办国而言，往往是喜忧参半。能举办奥运会，自然是国家民族的荣誉，也可以乘机宣传本国形象，但是以新场馆建设为主的巨大硬件软件的投入，又将使政府负担巨大的财政赤字。1976 年加拿大主办蒙特利尔奥运会，亏损 10 亿美元，预计这一巨额债务到 2003 年才能还清；1980 年，苏联莫斯科奥运会总支出达 90 亿美元，具体债务更是一个天文数字。奥运会几乎成了为"国家民族利益"而举办，为"政治需要"而举办。赔老本已成奥运会定律。

直到 1984 年的洛杉矶奥运会，美国商界奇才尤伯罗斯接手主办奥运，他运用其超人的创新思维，改写了奥运经济的历史，不仅首度创下了奥运史上第一笔巨额赢利纪录，更重要的是建立了一套"奥运经济学"模式，为以后的主办城市如何运作提供了样板。从那以后，争办奥运者如过江之鲫。因为名利双收是铁定的，借钱也得干。

寻求创新，首先是从政府开始的。鉴于其他国家举办奥运会的亏损情况，洛杉矶市政府在得到主办权后即做出一项史无前例的决议：第23届奥运会不动用任何公用基金。因此而开创了民办奥运会的先河。

尤伯罗斯接手奥运之后，发现组委会竟连一家皮包公司都不如，没有秘书、没有电话、没有办公室，甚至连一个账号都没有。一切都得从零开始，尤伯罗斯决定破釜沉舟。他以1060万美元的价格将自己旅游公司的股份卖掉，开始招募雇佣人员，然后以一种前无古人的创新思维定了乾坤：把奥运会商业化，进行市场运作。

于是一场轰轰烈烈的"革命"就此展开。洛杉矶市长不无夸耀地评价说："尤伯罗斯正在领导着第二次世界大战以来最大的运动。"

第一步，开源节流。

尤伯罗斯认为，自1932年洛杉矶奥运会以来，规模大、虚浮、奢华和浪费已成为时尚。他决定想尽一切办法节省不必要的开支。首先，他本人以身作则不领薪水，在这种精神感召下，有数万名工作人员甘当义工；其次，沿用洛杉矶既有的体育场；再次，把当地3所大学的宿舍作为奥运村。仅后两项措施就节约了数以十亿美金。点点滴滴都体现其创新思维的功力与胆识。

第二步，声势浩大的"圣火传递"活动。

奥运圣火在希腊点燃后，在美国举行横贯美国本土15万千米的圣火接力。用捐款的办法，谁出钱谁就可以举着火炬跑上一程。全程圣火传递权以每千米3000美元出售，15万千米共售得4500万美元。尤伯罗斯实际上是在拍卖百年奥运的历史、荣誉等巨大的无形资产。

第三步，狠抓赞助、转播和门票三大主营收入。

尤伯罗斯出人意料地提出，赞助金额不得低于500万美元，而且不许在场地内包括其空中做商业广告。这些苛刻的条件反而刺激了赞助商的热情。一家公司急于加入赞助，甚至还没弄清所赞助的室内赛车比赛程序如何，就匆匆签字。尤伯罗斯最终从150家赞助商中选定30家。此举共筹到117亿美元。

最大的收益来自独家电视转播权转让。尤伯罗斯采取美国三大电视网竞投的方式，结果，美国广播公司以225亿美元夺得电视转播权。尤伯罗斯又首次打破奥运会广播电台免费转播比赛的惯例，以7000万美元把广播转播权卖给美国、欧洲及澳大利亚的广播公司。

门票收入，通过强大的广告宣传和新闻炒作，也取得了历史上的最高水平。

第四步，出售以本届奥运会吉祥物山姆鹰为主的标志及相关纪念品。

结果，在短短的十几天内，第23届奥运会总支出511亿美元，赢利25亿美元，是原计划的10倍。尤伯罗斯本人也得到475万美元的红利。在闭幕式上，国际奥委会主席萨马兰奇向尤伯罗斯颁发了一枚特别的金牌，报界称此为"本届奥运会最大的一枚金牌"。

尤伯罗斯的举措体现了几方面的突破：一是改变了奥运会由举办国政府买单的惯例，将奥运会转为商业化运作；二是与商业界、广播电台等打造了双赢的局面；三是开发了奥运会附属商品，如纪念品等。而这些，在历届奥运会的举办历史上都是不曾有的。

尤伯罗斯以创新的思维实现了对旧模式的突破。而创新又无一例外地是建立在打破旧观念、旧传统、旧思维、旧模式的基础之上的。只有跳出传统的思维束缚圈，敢于想别人没有想过、做别人没有做过的事情，才能开拓自己的思路，创新自己的方法，找到解决问题的最佳途径。尤伯罗斯做到了这一点，他无疑是一个成功者。

新的事物永远是有活力的，创新思维就是要为自己的发展寻求并注入活力，培养创新思维就要敢为天下先，要敢于走别人没走过的路，要敢于在竞争中拼抢先机。唐朝杨巨源有诗："诗家清景在新春，绿柳才黄半未匀。若待上林花似锦，出门俱是看花人。"在此借来一用。如果做不到巧妙运用创新思维，做不到不断创新，总是跟在别人屁股后面跑，那么，你就只能去做那"看花人"，去欣赏别人栽种出的"上林花"了。

第二章

发散思维

——一个问题有多种答案

从曲别针的用途想到的

一支曲别针（回形针）究竟有多少种用途？你能说出几种？十种？几十种？还是几百种？

也许你会说一支曲别针不可能有如此多的用途，那么，这只能够说明你的思维不够开阔，不够发散。下面这个关于曲别针的故事告诉你的不只是曲别针的用途，更是一种思维方法。

在一次有许多中外学者参加的如何开发创造力的研讨会上，日本一位创造力研究专家应邀出席了这次研讨活动。

面对这些创造性思维能力很强的学者同人，风度翩翩的村上幸雄先生捧来一把曲别针，说道："请诸位朋友动一动脑筋，打破框框，看谁能说出这些曲别针的更多种用途，看谁创造性思维开发得好、多而奇特！"

片刻，一些代表踊跃回答：

"曲别针可以别相片，可以用来夹稿件、讲义。"

"纽扣掉了，可以用曲别针临时钩起……"

七嘴八舌，大约说了十多种，其中较奇特的是把曲别针磨成鱼钩，引来一阵笑声。

村上对大家在不长时间内讲出 10 多种曲别针的用途，很是称道。

人们问："村上您能讲多少种？"

村上一笑，伸出 3 个指头。

"30 种？"村上摇头。

"300 种？"村上点头。

人们惊异，不由得佩服这人聪慧敏捷的思维。也有人怀疑。

村上紧了紧领带，扫视了一眼台下那些透着不信任的眼睛，用幻灯片映出了曲别针的用途……这时只见中国的一位以"思维魔王"著称的怪才许国泰先生向台上递了一张纸条。

"对于曲别针的用途，我能说出 3000 种，甚至 3 万种！"

邻座对他侧目："吹牛不罚款，真狂！"

第二天上午 11 点，他"揭榜应战"，走上了讲台，他拿着一支粉笔，在黑板上写了一行字：村上幸雄曲别针用途求解。原先不以为然的听众一下子被吸引过来了。

"昨天，大家和村上讲的用途可用 4 个字概括，这就是钩、挂、别、联。要启发思路，使思维突破这种格局，最好的办法是借助于简单的形式思维工具——信息标与信息反应场。"

他把曲别针的总体信息分解成重量、体积、长度、截面、弹性、直线、银白色等 10 多个要素。再把这些要素，用根标线连接起来，形成一根信息标。然后，再把与曲别针有关的人类实践活动要素相分析，连成信息标，最后形成信息反应场。这时，现代思维之光，射入了这枚平常的曲别针，它马上变成了孙悟空手中神奇变幻的金箍棒。他从容地将信息反应场的坐标，不停地组切交合。

通过两轴推出一系列曲别针在数学中的用途，如，曲别针分别做成 1，2，3，4，5，6，7，8，9，0，再做成 +－×÷ 的符号，用来进行四则运算，运算出数量，就有 1000 万、1 亿……在音乐上可创作曲谱；曲别针可做成英、俄、希腊等外文字母，用来进行拼读；曲别针可以与硫酸反应生成氢气；可以用曲别针做指南针；可以把曲别针串起来导电；曲别针是铁元素构成，铁与铜化合是青铜，铁与不同比例的几十种金属元素分别化合，生成的化合物则是成千上万种……实际上，曲别针的用途，几乎近于无穷！他在台上讲着，台下一片寂静。与会的人们被"思维魔王"深深地吸引着。

许国泰先生运用的方法就是发散思维法。

发散思维的概念，是美国心理学家吉尔福特在 1950 年以《创造力》为题的演讲中首先提出的，半个多世纪以来，引起了普遍重视，促进了创造性思维的研究工作。发散思维法又称求异思维、扩散思维、辐射思维等，它是一种从不同的方向、不同的途径和不同的角度去设想的展开型思考方法，是从同一来源材料、从一个思维出发点探求多种不同答案的思维过程，它能使人产生大量的创造性设想，摆脱习惯性思维的束缚，使人的思维趋于灵活多样。

发散思维要求人们的思维向四方扩散，无拘无束，海阔天空，甚至异想天开。通过思维的发散，要求打破原有的思维格局，提供新的结构、新的点子、新的思路、新的发现、新的创造，提供一切新的东西，特别是对于创造者可提供一种全新的思考方式。

许多发明创造者都是借助于发散思维获得成功的。可以说多数的科学家、思想家和艺术家的一生都十分注意运用发散思维进行思考。许多优秀的中学生，在学习活动中也很重视发散思维的学习运用，因此获得了较佳的学习效果。

具有发散思维的人，在观察一个事物时，往往通过联想与想象，将思路扩展开来，而不仅仅局限于事物本身，也就常常能够发现别人发现不了的事物与规律。

正确答案并不只有一个

曾有这样一则故事，一位老师要为一个学生答的一道物理题打零分，而他的学生则声称他应得满分，双方争执不下，便请校长来做仲裁人。

试题是："试证明怎样利用一个气压计测定一栋楼的高度。"

学生的答案是："把气压计拿到高楼顶部，用一根长绳子系住气压计，然后把气压计从楼顶向楼下坠，直到坠到街面为止，然后把气压计拉上楼顶，测量绳子放下的长度，这长度即为楼的高度。"

这是一个有趣的答案，但是这学生应该获得称赞吗？校长知道，一方面这位学生应该得到高度评价，因为他的答案完全正确。另一方面，如果高度评价这个学生，就可以为他的物理课程的考试打高分；而高分就证明这个学生知道一些物理知识，但他的回答又不能证明这一点……

校长让这个学生用 6 分钟回答同一个问题，但必须在回答中表现出他懂一些物理知识……在最后一分钟里，他赶忙写出他的答案，它们是：把气压计拿到楼顶，让它斜靠在屋顶边缘，让气压计从屋顶落下，用秒表记下它落下的时间，然后用落下时间中经过的距离等于重力加速度乘下落时间平方的一半算出建筑高度。

看了这个答案之后，校长问那位老师是否让步。老师让步了，于是校长给了这个学生几乎是最高的评价。正当校长准备离开办公室时，他记得那位学生说他还有另一个答案，于是校长问他是什么样的答案。学生回答说："啊，利用气压计测出一个建筑物的高度有许多办法，例如，你可以在有太阳的日子记下楼顶上气压计的高度及影子的长度，再测出建筑物影子的长度，就可以利用简单的比例关系，算出建筑物的高度。"

"很好，"校长说，"还有什么答案？"

"有啊，"那个学生说，"还有一个你会喜欢的最基本的测量方法。你拿那气压计，从一楼登梯而上，当你登梯时，用符号标出气压计上的水银高度，这样你可利用气压计的单位得到这栋楼的高度。这个办法最直接。"

"当然，如果你还想得到更精确的答案，你可以用一根线的一段系住气压计，把它像一个摆那样摆动，然后测出街面 g 值和楼顶的。从两个 g 值之差，在原则上就可以算出楼顶高度。"最后他又说，"如果不限制我用物理方法回答这个问题，还有许多其他方法。例如，你拿上气压计走到楼底层，敲管理员的门。当管理员应声时，你对他说下面一句话，'管理员先生，我有一个很漂亮的气压计。如果你告诉我这栋楼的高度，我将我的这个气压计送给您……'"

读完这个故事，我们被这个学生的智慧折服了。再静下来想一想，又会感叹："为什么人们总觉得只有一个正确答案呢？"

几乎从启蒙那天开始，社会、家庭和学校便开始向我们灌输这样的思想：每个问题只有一个答案；不要标新立异；这是规矩；那是白日做梦；等等。

当然，就做人的行为准则而言，遵循一定的道德规范是对的，正所谓没有规矩，不成方圆。然而，对于思维方法的培养，制定唯一的准则这一做法是万万要不得的。

如果对思维进行约束，则只能看到事物或现象的一个或少数几个方面；在思考问题时，我们也往往认为找到一个答案就万事大吉了，不愿意或根本想不到去寻找第二种，乃至更多的解决方案，因而难以产生大的突破。

在与人交流中碰撞出智慧

智慧与智慧交换，能得到更多、更有效的智慧，与他人交换想法，你会从中获得意想不到的启发，这也是有效利用发散思维的一种表现。

一位发明家曾经讲过这样一个故事：

有一家工厂的冲床因为操作不慎经常发生事故，以至于多名操作工手指致残。技术人员设计了许多方案，为了解决这一问题，就是要让冲床在操作工的手接近冲头时自动停车。他们先后采用红外线超声波、电磁波构成的许多复杂的检测控制系统，都因为成本高或性能不可靠等原因而放弃了。

正当技术人员一筹莫展时，他想到了交流，便带着自己的想法和工人们一块儿讨论，大家七嘴八舌，你一个点子，我一个想法，围绕避免事故这一中心，大家的建议就像放射性的线一样，射向四面八方，每一条线就是一种不同的方法。讨论了半天，最终确定了一个方案：让工人坐在椅子上操作，在椅子两边扶手上各装一个开关，只有它们同时接通时，冲床才能启动。

操作工两手都在按开关，怎么会发生事故呢？

这样一来，交换一下想法，在发散性的建议中得出最佳的方案，原本看似复杂的问题也得到了有效的解决。

杨振宁说过，当代科学研究，不仅要充分挖掘个人智慧，而且还要积极倡导一种团队智慧，各学科、各门类的人才坐在一起，实行智慧的大融合、大交流、大碰撞，才能实现团队智慧成果的最优化。他的这种观点可谓一针见血。美国的硅谷聚集了那么多高科技企业，那么多科技精英，大家"扎堆"的目的就是近距离地搭建一个交流平台，在信息大融合中，实现信息共享、智慧共享。

许多人都知道库仑定律。据说库仑早年是巴黎的一位中学教师，对电荷之间的相互作用力很感兴趣，想找出它们的规律，但苦于无法测量这种微小的力。法国大革命时期，库仑为求安宁去乡下暂住，对农家的纺车又发生了兴趣，看着用棉花纺的细细的纱线，觉得妙不可言。他随手抽断一根刚纺成的纱线，拿到眼前细看，注意到纱的接头总是向相反的方向卷曲，拧得越紧，反卷的圈数就越多。库仑便和纺纱的农妇交谈起来。

一位科学家和一位农妇的交谈随即引发了一个划时代的发现。

与农妇的交谈使库仑的思维更加发散，针对纱线卷曲的问题，库仑进行了许多方面的设想。最后，他终于意识到，根据纱线卷曲的程度可以度量扭力的大小，可以用同样的原理来测量电荷之间的作用力。

不久，库仑回到巴黎，做出了一支利用细丝扭转角度测量力矩的极为灵敏的秤，精确测量了电荷的相互作用力与距离和电量的关系，发现了成为电学重要基础的库仑定律。

科学家与普通人之间的差别，比人们想象的要小得多，两者的交流，只有行业和性质的差别。事实证明，不同行业的交流具有极大的互补性，促使思维可以向更多的方向发散，得到更多的创见，以利于问题的解决。

每个人都需要与他人进行交流，一个人自锁书城，两豆塞耳，必然孤陋寡闻，难以超越。你有一个水果，我有一个水果，交换后仍旧是一人一个。但是人的想法却不是如此，你有一个想法，我有一个想法，交换后每人至少有两个想法，由此还会衍生出许许多多其他的想法。这也是启发发散思维的好方法。

现在我们常说的"头脑风暴"方法就是大家在一起，就一个问题各抒己见，思想碰撞的一种方法。

当一群人围绕一个特定的兴趣领域产生新观点的时候，这种情境就叫作"头脑风暴"。由于会议使用了没有拘束的规则，人们就能够更自由地思考，进入思想的新区域，从而围绕一个中心点发散性地产生很多的新观点和问题解决方法。当参加者有了新观点和想法时，他们就大声说出来，然后在他人提出的观点之上建立新观点。所有的观点被记录下来但不进行评估，只有头脑风暴会议结束的时候，才对这些观点和想法进行评估。

那么你就清楚了，头脑风暴会帮助你提出新的观点。你不但可以提出新观点，而且你将只需付出很少的努力。头脑风暴是个"尝试—检测"的过程。头脑风暴中应用什么技巧取决于你欲达到的目的。你可以应用它们来解决工作中的问题，也可以应用它们来发展你的个人生活。

如果你遵循头脑风暴的规则，那么你的个人风格无论是什么样，头脑风暴也会奏效。很自然，某些技巧和环境对一些人更适合，但是头脑风暴足够柔性化，能够适合每个人。

心有多大，舞台就有多大

曾看过这样一则寓言：一条鱼从小在一个小鱼缸中长大，它的心情并不好，因为它觉得鱼缸太小了，游了一会儿就到头了。随着小鱼慢慢长大，鱼缸已经显得太小了，主人便为它换了一个稍大些的鱼缸。鱼刚刚高兴了几天，又不满意了，因为没游多会儿还是碰到了鱼缸壁。最后，主人将它放回了大海，但鱼仍然高兴不起来。因为它再也游不到"鱼缸"的边缘了，它感到很没有成就感。

我们说，心有多大，舞台就有多大。小鱼的心已经被鱼缸限制了，在大舞台上也就无法顺畅舒展了。同理，我们的思维被局限时，也很难发挥出全部的能量。而如果我们的思维能够向四面八方辐射性地发散，我们分析问题、解决问题的能力也会有一个大的提升，供我们展示才华的舞台也就会变大。

发散思维的要旨就是要学会朝四面八方想。就像旋转喷头一样，朝各个方向进行立体式的发散思考。

这首先要确定一个出发点，即先要有一个辐射源。怎样从一个辐射源出发向四面八方扩散，下面是提供的几种方法：

（1）结构发散，是以某种事物的结构为发散点，朝四面八方想，以此设想出利用该结构的各种可能性。

（2）功能发散，是以某种事物的功能为发散点，朝四面八方想，以此设想出获得该功能的各种可能性。

（3）形态发散，是以事物的形态（如颜色、形状、声音、味道、明暗等）为发散点，朝四面八方想，以此设想出利用某种形态的各种可能性。

（4）组合发散，是从某一事物出发，朝四面八方想，以此尽可能多地设想与另一事物（或一些事情）联结成具有新价值（或附加价值）的新事物的各种可能性。

（5）方法发散，是以人们解决问题的结果作为发散点，朝四面八方想，推测造成此结果的各种原因；或以某个事物发展的起因为发散点，朝四面八方想，以此推测可能发生的各种结果。

善于运用发散思维的人，常常具有别人难以比拟的"非常规"想法，能取得非同一般的解决问题的效果。艾柯卡就是一个典型的例子。

美国福特汽车公司是美国最早、最大的汽车公司之一。1956年，该公司推出了一款新车。这款汽车式样、功能都很好，价钱也不贵，但是很奇怪，竟然销路平平，和当初设想的完全相反。

公司的经理们急得就像热锅上的蚂蚁，但绞尽脑汁也找不到让产品畅销的办法。这时，在福特汽车销售量居全国末位的费城地区，一位毕业不久的大学生，对这款新车产生了浓厚的兴趣，他就是艾柯卡。

艾柯卡当时是福特汽车公司的一位见习工程师，本来与汽车的销售毫无关系。但是，公司老总因为这款新车滞销而着急的神情，却深深地印在他的脑海里。

他开始琢磨：我能不能想办法让这款汽车畅销起来？终于有一天，他灵光一闪，于是径直来到经理办公室，向经理提出了一个创意，在报上登广告，内容为："花56元买一辆56型福特。"

这个创意的具体做法是：谁想买一辆1956年生产的福特汽车，只需先付20%的货款，余下部分可按每月付56美元的办法逐步付清。

他的建议得到了采纳。结果，这一办法十分灵验，"花56元买一辆56型福特"的广告人人皆知。

"花56元买一辆56型福特"的做法，不但打消了很多人对车价的顾虑，还给人创造了"每个月才花56元，实在是太合算了"的印象。

奇迹就在这样一句简单的广告词中产生了：短短3个月，该款汽车在费城地区的销售量，就从原来的末位一跃而为全国的冠军。

这位年轻工程师的才能很快受到赏识，总部将他调到华盛顿，并委任他为地区经理。

后来，艾柯卡根据公司的发展趋势，推出了一系列富有创意的举措，最终坐上了福特公司总裁的宝座。

善于运用发散思维的人不止艾柯卡，英国小说家毛姆在穷得走投无路的情况下，运用自己的发散思维，想出了一个奇怪的点子，结果居然扭转了颓势。

在成名之前，毛姆的小说无人问津，即使请书商用尽全力推销，销售的情况也不好。眼看生活就要遇到困难了，他情急之下突发奇想地用剩下的一点钱，在大报上登了一个醒目的征婚启事：

"本人是个年轻有为的百万富翁，喜好音乐和运动。现征求和毛姆小说中女主角完全一样的女性共结连理。"

广告一登，书店里的毛姆小说一扫而空，一时之间"洛阳纸贵"，印刷厂必须赶工才能应付销售热潮。原来看到这个征婚启事的未婚妇女，不论是不是真有意和富翁结婚，都好奇地想了解女主角是什么模样的。而许多年轻男子也想了解一下，到底是什么样的女子能让一个富翁这么着迷，再者也要防止自己的女友去应征。

从此，毛姆的小说销售一帆风顺。

发散思维具有灵活性，具有发散思维的人思路比较开阔，善于随机应变，能够根据具体问题寻找一个巧妙地解决问题的办法，起到出其不意的效果。

培养发散思维，拓展思维的深度与广度，你的思维触角延伸多远，你的人生舞台就展开有多大。

从无关之中寻找相关的联系

天底下许多事物，如果你仔细观察它们，就会发现一些共通的道理，这就是事物之间的相关性。我们在解决问题时可以有意识地进行发散思维，把由外部世界观察到的刺激与正在考虑中的问题建立起联系，使其相合。也就是将多种多样不相关的要素捏合在一起，以期获得对问题的不同创见。下面我们就来看一个事例。

福特汽车是美国最重要的汽车品牌之一，在全球的销售量也名列前茅。在创立之时，创办人亨利·福特一直思考着，要如何大量生产，降低单位成本，并提高在市场上的竞争力。

有一天晚上，亨利·福特对孩子说完三头小猪如何对抗野狼的故事后，突然产生一个想法，他可以去猪肉加工厂看看，或许会有一些新的发现。他参观了几家猪肉加工厂后，发现里面的作业采用天花板滑车运送肉品的分工方式，每个工人都有固定的工作，自己的部分做完后，将肉品推到下一个关卡继续处理，这样，肉品加工生产效率非常高。

亨利·福特立刻想到，肉品的作业方式也可以运用在汽车制造上。他之后和研发小组设计出一套作业流程，采用输送带的方式运送汽车零件，每个作业员只要负责装配其中的某一部分，不用像过去那样负责每部车的全部流程。亨利·福特所采用的分工作业，的确达到了他原先的要求，使得福特汽车成功地提高了全球的市场占有率，同时也变成不同车厂的作业标准。

他山之石，可以攻玉。我们常常可以从一些不相关的事物上获得灵感，这就是一种异中求同的归纳能力。当我们能在看来似乎毫无关联的对象中，找出更多的相同道理，也就代表着我们能发掘更多的创意题材。因为这些相通之处，往往是其他人没有发现的，这也正是我们的成功机会。

猪肉和汽车，看似不具有相关性，但是猪肉加工厂的作业流程，却给了汽车工厂一个很好的工作模板。所以，我们也可以常常将这种异中求同的技巧运用在生活上。在我们的工作中，除了多观察同业的做法，异业也是值得观察和学习的对象。一位歌手，可以从一位老师身上看到他在讲台上如何表现，这对自己的舞台表演一定会有所帮助。一位清洁队员和一位大企业的董事长，有什么相通的地方？或许我们可以发现，他们都很节省，或者他们的体力都很好。

索尼公司的卯木肇也是一位善于从无关之中寻找相关联系的精英。

20 世纪 70 年代中期，索尼彩电在日本已经很有名气了，但是在美国却不被顾客所接受，因而索尼在美国市场的销售相当惨淡，但索尼公司没有放弃美国市场。后来，卯木肇担任了索尼国际部部长。上任不久，他被派往芝加哥。当卯木肇风尘仆仆地来到芝加哥时，令他吃惊不已的是，索尼彩电竟然在当地的寄卖商店里蒙满了灰尘，无人问津。

如何才能改变这种既成的印象，改变销售的现状呢？卯木肇陷入了沉思……

一天，他驾车去郊外散心，在归来的路上，他注意到一个牧童正赶着一头大公牛进牛栏，而公牛的脖子上系着一个铃铛，在夕阳的余晖下叮当叮当地响着，后面是一大群牛跟在这头公牛的屁股后面，温驯地鱼贯而入……此情此景令卯木肇一下子茅塞顿开，他一路上吹着口哨，心情格外开朗。想想一群庞然大物居然被一个小孩儿管得服服帖帖的，为什么？还不是因为牧童牵着一头带头牛。索尼要是能在芝加哥找到这样一只"带头牛"商店来率先销售，岂不是很快就能打开局面？卯木肇为自己找到了打开美国市场的钥匙而兴奋不已。

马歇尔公司是芝加哥市最大的一家电器零售商，卯木肇最先想到了它。为了尽快见到马歇尔公司的总经理，卯木肇第二天很早就去求见，但他递进去的名片却被退了回来，原因是经理不在。第三天，他特意选了一个估计经理比较闲的时间去求见，但回答却是"外出了"。他第三次登门，经理终于被他的诚心所感动，接见了他，却拒绝卖索尼的产品。经理认为索尼的产品降价拍卖，形象太差。卯木肇非常恭敬地听着经理的意见，并一再表示要立即着手改变商品形象。

回去后，卯木肇立即从寄卖店取回货品，取消削价销售，在当地报纸上重新刊登大面积的广告，重塑索尼形象。

经过卯木肇的不懈努力，他的诚意终于感动了马歇尔公司，索尼彩电终于挤进了芝加哥的"带头牛"商店。随后，进入家电的销售旺季，短短一个月内，竟卖出700多台。索尼和马歇尔从中获得了双赢。

有了马歇尔这只"带头牛"开路，芝加哥的100多家商店都对索尼彩电群起而销之，不出3年，索尼彩电在芝加哥的市场占有率达到了30%。

不善于运用发散思维和没有敏感度的人也许很难在"小孩子牵牛"

与"寻找开拓市场的方法"之间找到什么相关联的因素，就像常人难以想象"猪肉加工"与"汽车制造"有什么相通之处一样。但是，亨利·福特与卯木肇在发散思维的运用方面为我们做了一个榜样。由此，我们也可以看出，从无关之中找相关需要我们的思维足够灵活，有较强的敏感性，在获取某种外界刺激后能够很快地将该事物与自己所遇到的问题进行联系，这样，不但有效地解决了问题，而且取得了卓越的成绩。

由特殊的"点"开辟新的方法

擅长发散思维的人往往会撇开众人常用的思路，尝试多种角度的考虑方式，从他人意想不到的"点"去开辟问题的新解法。所以，在进行发散性的思维训练时，其首要因素便是要找到事物的这个"点"进行扩散。

下面这个故事就是一个巧用特殊"点"的例子。

华若德克是美国实业界的大人物。在他未成名之前，有一次，他带领属下参加在休斯敦举行的美国商品展销会。令他十分懊丧的是，他被分配到一个极为偏僻的角落，而这个角落是绝少有人光顾的。

为他设计摊位布置的装饰工程师劝他干脆放弃这个摊位，因为在这种恶劣的地理条件下，想要成功展览几乎是不可能的。

华若德克沉思良久，觉得自己若放弃这一机会实在是太可惜了。可不可以将这个不好的地理位置通过某种方式化解，使之变成整个展销会的焦点呢？

他想到了自己创业的艰辛，想到了自己受到的展销大会组委会的排斥和冷眼，想到了摊位的偏僻，他的心里突然涌现出偏远非洲的景象，觉得自己就像非洲人一样受着不应有的歧视。他走到了自己的摊位前，心中充满感慨，灵机一动：既然你们都把我看成非洲难民，那我就扮演一回非洲难民给你们看！于是一个计划应运而生。

华若德克让设计师为他营造了一个古阿拉伯宫殿式的氛围，围绕着摊位布满了具有浓郁非洲风情的装饰物，把摊位前的那一条荒凉的大路变成了黄澄澄的沙漠。他安排雇来的人穿上非洲人的服装，并且特地雇用动物园的双峰骆驼来运输货物，此外他还派人定做了大批气球，准备在展销会上用。

展销会开幕那天，华若德克挥了挥手，顿时展览厅里升起无数的彩色气球，气球升空不久自行爆炸，落下无数的胶片，上面写着："当你拾起这小小的胶片时，亲爱的女士和先生，你的好运就开始了，我们衷心祝贺你。请到华若德克的摊位，接受来自遥远非洲的礼物。"

这无数的碎片洒落在热闹的人群中，于是一传十，十传百，消息越传越广，人们纷纷集聚到这个本来无人问津的摊位前。强烈的人气给华若德克带来了非常可观的生意和潜在商机，而那些黄金地段的摊位反而遭到了人们的冷落。

华若德克为自己找到了一个特殊的"点"，那就是将自己的特殊位置加以利用，赋予新的定位与含义，起到吸引顾客的目的。

发散思维是有独创性的，它表现在思维发生时的某些独到见解与方法，也就是说，对刺激做出非同寻常的反应，具有标新立异的成分。

比如设计鞋子，常规的设计思路是从鞋子的款式、用料着手，进行各种变化，但万变不离其宗。运用发散思维，则可以从鞋子的功能这一特殊的"点"入手。那么鞋有哪些功能呢？

鞋可以"吃"。当然不是用嘴吃，而是用脚吃。即可以在鞋内加入药物，治疗各种疾病。按此思路下去，可开发出多种预防、治疗疾病的鞋子。

鞋还可以"说话"。设计一种走路的时候会响起音乐的鞋子一定会受到小孩子的欢迎。

鞋可以"扫地"。设计一种带静电的鞋子，在家里走路的时候，可以把尘土吸到鞋底上，使房间在不经意间变干净。

鞋还可以"指示方向"。在鞋子中安装指南针，调到所选择的方向，当方向发生偏离时，便会发出警报，这对野外考察探险的人来说，是很有用处的。

这就是通过鞋子的功能这个"点"挖掘出来的潜在创意。生活中，我们需要细心地观察，找出这个特殊的"点"，由此展开，便可以收到意想不到的效果。

美国推销奇才吉诺·鲍洛奇的一段经历也向我们证明了这一理念。

一次，一家贮藏水果的冷冻厂起火，等到人们把大火扑灭，才发现有18箱香蕉被火烤得有点发黄，皮上还沾满了小黑点。水果店老板便把香蕉交到鲍洛奇的手中，让他降价出售。那时，鲍洛奇的水果摊设在杜鲁茨城最繁华的街道上。

一开始，无论鲍洛奇怎样解释，都没人理会这些"丑陋的家伙"。无奈之下，鲍洛奇认真仔细地检查那些变色香蕉，发现它们不但一点没有变质，而且由于烟熏火烤，吃起来反而别有风味。

第二天，鲍洛奇一大早便开始叫卖："最新进口的阿根廷香蕉，南美风味，全城独此一家，大家快来买呀！"当摊前围拢的一大堆人都举棋不定时，鲍洛奇注意到一位年轻的小姐有点心动了。他立刻殷勤地将一只剥了皮的香蕉送到她手上，说："小姐，请你尝尝，我敢保证，你从来没有尝过这样美味的香蕉。"年轻的小姐一尝，香蕉的风味果然独特，价钱也不贵，而且鲍洛奇还一边卖一边不停地说："只有这几箱了。"于是，人们纷纷购买，18箱香蕉很快销售一空。

从上述案例中我们可以看出，发散思维有着巨大的潜在能量，它通过搜索所有的可能性，激发出一个全新的创意。这个创意重在突破常规，它不怕奇思妙想，也不怕荒诞不经。沿着可能存在的点尽量向外延伸，或许，一些由常规思路出发根本办不成的事，其前景便很有可能柳暗花明、豁然开朗。所以，在你平日的生活中，多多发挥思维的能动性，让它带着你在思维的广阔天地任意驰骋，或许你会看到平日见不到的美妙风景。

依靠发散性思维进行发散性的创造

发散思维法的特点是以一点为核心，以辐射状向外散射。在生产、生活中，我们可以利用这种思维法来进行发散性的创造。若以一个产品为核心，可以发掘它的各种不同的功能，开发出各种各样的新产品。如围绕电熨斗这个产品，开发出了透明蒸汽电熨斗、自动关熄熨斗、自动除垢熨斗、电脑装置熨斗，等等。这些产品满足了生活中不同人群的不同需求。

下面这个故事也是围绕产品开发的一个典型例子，从中我们可以体会到发散思维法的应用价值。

1956年，松下电器公司与日本另一家电器制造厂合资，设立了大孤精品电器公司，专门制造电风扇。当时，松下幸之助委任松下电器公司的西田千秋为总经理，自己则担任顾问。

这家公司的前身是专做电风扇的，后来又开发了民用排风扇。但即使如此，产品还是显得比较单一。西田千秋准备开发新的产品，试着探询松下的意见。松下对他说："只做风的生意就可以了。"当时松下的想法，是想让松下电器的附属公司尽可能专业化，以期有所突破。可是松下电器的电风扇制造已经做得相当卓越，完全有实力开发新的领域。但是，松下给西田的却是否定的回答。

然而，聪明的西田并未因松下这样的回答而灰心丧气。他的思维极其灵活而机敏，他紧盯住松下问道："只要是与风有关的任何产品都可以做吗？"

松下并未仔细品味此话的真正意思，但西田所问的与自己的指示很吻合，所以他毫不犹豫地回答说："当然可以了。"

5年之后，松下又到这家工厂视察，看到厂里正在生产暖风机，便问西田："这是电风扇吗？"

西田说："不是，但是它和风有关。电风扇是冷风，这个是暖风，你说过要我们做风的生意，难道不是吗？"

后来，西田千秋一手操办的松下精工的"风家族"，已经非常丰富了。除了电风扇、排风扇、暖风机、鼓风机之外，还有果园和茶圃的防霜用换气扇、培养香菇用的调温换气扇、家禽养殖业的棚舍调温系统等。

松下的一句"只做风的生意就可以了"被西田千秋用发散思维发

挥到了极致，围绕风开发出了许许多多适合不同市场的优质产品，为松下公司创造了一个又一个的辉煌。这也体现了发散思维的神奇魅力。

依靠发散性的思维进行发散性的创造，也为我们提供了一种发明创造的新模式。思维发散的过程，同时也是创意发散的过程。围绕一个中心，将思维无限蔓延，最终即可产生多种创造成果，为生活和工作带来更大的便利和收益。

第三章

收敛思维

——从核心解开问题的症结

某一问题只有一种答案

收敛思维，也称聚合思维或集束思维，它是相对于发散思维而言的。它与发散思维的特点正好相反，它的特点是以某个思考对象为中心，尽可能运用已有的经验和知识，将各种信息重新进行组织，从不同的方面和角度，将思维集中指向这个中心点，从而达到解决问题的目的。这就好比凸透镜的聚焦作用，它可以使不同方向的光线集中到一点，从而引起燃烧一样。如果说，发散思维是"由一到多"的话，那么，收敛思维则是"由多到一"。当然，在集中到中心点的过程中也要注意吸收其他思维的优点和长处。收敛思维不是简单的排列组合，而是具有创新性的整合，即以目标为核心，对原有的知识从内容和结构上进行有目的的选择和重组。

隐形飞机的研制，便是运用收敛思维法的结果。这种飞机，机身和机翼造型独特，包覆隐身材料，加装红外挡板等，以减弱雷达反射波和红外辐射，使其不易被探测设备发现，从而达到"隐形"的目的。

收敛思维法主要包括层层剥笋法、目标识别法和间接注意法。这些方法促使人们从事物的各个方面入手，对各种信息进行筛选、挖掘，最终找到问题的关键所在。

收敛思维法在以严谨著称的科学界得以广泛的应用。因为一个问题的真相往往只有一个，这就需要科研工作者逐层分析问题，渐渐找到问题根源，并加以解决。

地球有多重？直到18世纪，这依然是摆在科学家面前的一个难题。1750年，英国19岁的科学家卡文迪许向这个难题挑战。他向自己提出一个大胆的课题：称出地球的重量。他像一个小马驹闯进一片丛林，横冲直撞，思维没有一点顾忌和阻碍。在东一榔头西一棒子的冲撞中，卡文迪许想到了牛顿的万有引力。

根据万有引力定律，两个物体间的引力与两个物体之间的距离的平方成反比，与两个物体的重量成正比。这个定律为测量地球重量提供了理论根据。卡文迪许想，如果知道了两个物体之间的引力，知道了两个物体之间的距离，知道了其中一个物体的重量，就能计算出另一个物体的重量。

这在理论上是完全成立的。但是，实际测定中，还必须先了解万有引力的常数G。因为牛顿的万有引力公式的其他几个常数都知道，唯独不知道引力常数G。

卡文迪许利用细丝转动的原理设计了一个测定引力的装置，细丝转过一个角度，就能计算出两个铅球之间的引力，然后计算出引力常数。但是，细丝扭转的灵敏度还不够大。只有进一步提高灵敏度，才能测出两个铅球之间的引力，计算出引力常数。

灵敏度问题成了测量地球重量的关键。卡文迪许为这个问题伤透了脑筋，想了好几种办法，但是，结果都不怎么理想。

一次，孩子用镜子投射光斑的游戏使卡文迪许受到了很大的启发。他在测量装置上也装上了一面小镜子，细丝受到另一个铅球的微小引力，小镜子就会偏转一个很小的角度，小镜子反射的光就转动到一个相当大的距离。利用这个放大的距离，就能很精确地知道引力的大小。

卡文迪许用这个放大的装置精确地测出了两个引力常数，再次测出一个铅球与地球之间的引力，根据万有引力公式，很快就计算出了地球的重量。

卡文迪许测出地球重量的过程是很好地运用了收敛思维法。将测出地球重量这一问题归结为万有引力常数 G 的问题，进一步归结为测量装置灵敏度的问题，只要解决了这一根本性问题，其他问题也就迎刃而解了。从中也可以看到，在收敛思维的运用过程中，是结合灵感思维、逻辑思维等共同作用的。

我国明朝科学家徐光启也曾运用收敛思维研究出治蝗之策。

明朝时候，江苏北部曾经出现了可怕的蝗虫，飞蝗一到，整片整片的庄稼被吃掉，颗粒无收……徐光启看到人民的疾苦，想到国家的危亡，毅然决定去研究治蝗之策。他收集了自战国以来两千多年有关蝗灾情况的资料。

在这浩如烟海的资料中，他注意到蝗灾发生的时间。151 次蝗灾中，发生在农历四月的 19 次，发生在五月的 12 次，六月的 31 次，七月的 20 次，八月的 12 次，其他月份总共只有 9 次。由此他确定了蝗灾发生的时间大多在夏季炎热时期，以六月最多。另外他从史料中发现，蝗灾大多发生在河北南部，山东西部，河南东部，安徽、江苏两省北部。为什么多集中于这些地区呢？经过研究，他发现蝗灾与这些地区湖沼分布较多有关。他把自己的研究成果向百姓宣传，并且向皇帝呈递了《除蝗疏》。

收敛思维始终受所给信息和线索决定，是深化思想和挑选设计方案的常用的思维方法和形式。它的过程是集中指向的，目标单一，其结果是寻求最佳，或者说，是在一定条件下最佳的解决方案。

收敛思维的特征

发散思维有利于人的思维的广阔性、开放性，有利于在空间上的拓展和时间上的延伸。收敛思维则有利于思维的深刻性、集中性、系统性和全面性。如果说发散思维是让思维放开，任意飞翔的话，那么收敛思维就是对放开的思维进行回收、聚拢，让它们都集中到一个焦点上。一个就像太阳，光线向四面八方扩散；一个就像宇宙中的"黑洞"，把四面八方的光线都吸到洞里。一个强调放，一个强调收。放者，容易散漫无际，偏离目标；收者，容易因循守旧，缺少变化。因此，我们在强调发散思维时，需要收敛思维来补充；在强调收敛思维时，需要发散思维来支持，两者是相辅相成的。

成功人士的思维既要放得开，同时又要收得拢，放是为了更好地收，收是为了更好地放。每每思考问题时，在开发创意阶段，发散思维占主导地位；在选择解决方案时，收敛思维则占主导地位。

那么，相对于发散思维，收敛思维又有怎样的特征呢？

1. 严谨性和论证性

收敛思维要求把解决的问题纳入传统的逻辑轨道，然后按照传统逻辑规则进行严谨周密的推理论证，必须是按部就班，一环扣一环地展开，特别重视因果链条，不允许用联想和想象代替推理和论证，更不允许出现跳跃。

2. 聚焦性

在解决问题时要抓住问题的聚焦点。只有清楚问题的聚焦点，才能有目的地去解决问题。如若不然，只会让自己无端地耗费精力，忙了半天，也不知自己在忙些啥，结果导致自己所做的事与要解决的问题相隔十万八千里。我们可千万不要小视它，像这种情况是普遍存在的。生活中不知有多少人一事无成，就是找不到问题的聚焦点使然，正所谓"治标不治本"。

3. 深刻性

为了争取将问题一次解决掉，我们要学会刨根问底——探讨问题的实质。很多问题的实质都是隐藏在肤浅的表象后面的，因此要想成功，一定要抓住问题的实质，然后对症下药。

日本人就曾利用一些表象的资料对中国大庆油田进行了深刻的分析。

　　20 世纪 60 年代时，大部分中国人还不知道大庆油田在哪里，日本人却对大庆油田了如指掌。他们是怎样做到的呢？

　　日本人首先从中国画报刊登的铁人王进喜的大幅照片上推断出大庆油田在东北三省偏北处，因为相片上的王进喜身穿大棉袄，背景是遍地积雪，这雪景只有在东北三省才会出现。接着，他们又从另一幅肩扛人推的照片，推断出油田离铁路沿线不远。他们从《人民日报》的一篇报道中看到一段话，王进喜到了马家窑，说了一声："好大的油海啊，我们要把中国石油落后的帽子扔到太平洋里去！"据此，日本人又作了深刻的思考，判断出大庆油田的中心就在马家窑。

　　大庆油田什么时候产油了呢？日本人判断：1964 年。因为王进喜在这一年参加了全国人民代表大会，如果不出油，王进喜是不会当选为人大代表的。

　　日本人还准确地推算出大庆油田井的直径大小和大庆油田的产量，依据是《人民日报》一幅钻塔的照片和《人民日报》刊登的国务院政府工作报告：用当时公布的全国石油产量减去原来的石油产量，简单之至，连小学生都能算出来——日本人推算出大庆的石油产量为 3000 万吨，与大庆油田的实际年产量几乎完全一致。

　　有了如此多的准确情报，日本人迅速设计出适合大庆油田开采用的石油设备。当我国政府向世界各国征求开采大庆油田的设计方案时，日本人一举中标。

　　试想，日本人如果不是对表面现象作深刻的分析，这其中的奥妙他们能发现得了吗？

　　收敛思维同发散思维一样，是一种独特的创造思维方式。但是，有人对收敛思维存在着误解，否认它的创造性，甚至认为它是保守的思维方式。其实，收敛思维并非保守，它对各个方面、领域都是开放的，只有如此，它集中的理论、信息、知识、方案等才能更全面、更便于比较选择，才能找到更好的答案，从而符合客观真理。

　　收敛思维是成功者不可缺少的一种必备思维，不管你的思维放开到何种程度，你也不能离开主题，最终都得有个思维收敛点。只有找到这些思维收敛点，才能有助于我们为信息的归属树立一个个明确的"靶子"，你才能成功地到达目的地。

层层剥笋，揭示核心

我们都知道，竹笋是由一层一层的壳包裹而成的。层层剥笋法很形象地表现出向问题的核心一步一步逼近的过程。它是收敛思维法之一，它借助于抛弃那些非本质的、繁杂的特征，以揭示出隐藏在事物表面现象内的深层本质。

这种方法常常被用于破解一些谜案，它要求人们专注于问题的核心，而巧妙运用接收到的各种信息。

1940 年 11 月 16 日，纽约爱迪生公司大楼一个窗沿上出现一个土炸弹，并附有署名 F.P. 的纸条，上面写着："爱迪生公司的骗子们，这是给你们的炸弹！"后来，这种威胁活动越来越频繁，越来越猖狂。1955 年竟然放上了 52 颗炸弹，并炸响了 32 颗。对此报界连篇报道，并惊呼此行动的恶劣，要求警方尽快侦破。

纽约市警方在 16 年中煞费苦心，但所获甚微。所幸还保留几张字迹清秀的威胁信，字母都是大写。其中，F.P. 写道：我正为自己的病怨恨爱迪生公司，要使它后悔自己的卑鄙罪行。为此，不惜将炸弹放进剧院和公司的大楼，等等。警方请来了犯罪心理学家布鲁塞尔博士。博士依据心理学常识，应用层层剥笋的思维技巧，在警方掌握材料的基础上进行了如下的分析推理：

(1) 制造和放置炸弹的大都是男人。

(2) 他怀疑爱迪生公司害他生病，属于"偏执狂"病人。这种病人一过 35 岁后病情就迅速加重。所以 1940 年时他刚过 35 岁，现在（1956年）他应是 50 出头。

(3) 偏执狂总是归罪他人。因此，爱迪生公司可能曾对他处理不当，使他难以接受。

(4)字迹清秀表明他受过中等教育。

(5)约85%的偏执狂有运动员体形，所以F.P.可能胖瘦适度，体形匀称。

(6)字迹清秀、纸条干净表明他工作认真，是一个兢兢业业的模范职工。

(7)他用"卑鄙罪行"一词过于认真，爱迪生也用全称，不像美国人所为。故他可能在外国人居住区。

(8)他在爱迪生公司之外也乱放炸弹，显然有F.P.自己也不知道的理由存在，这表明他有心理创伤，形成了反权威情绪，乱放炸弹就是在反抗社会权威。

(9)他常年持续不断乱放炸弹，证明他一直独身，没有人用友谊或爱情来愈合其心理创伤。

(10)他无友谊，却重体面，一定是一个衣冠楚楚的人。

(11)为了制造炸弹，他宁愿独居而不住公寓，以便隐藏和不妨碍邻居。

(12)地中海各国用绳索勒杀别人，北欧诸国爱用匕首，斯拉夫国家恐怖分子爱用炸弹。所以，他可能是斯拉夫后裔。

(13)斯拉夫人多信天主教，他必然定时上教堂。

(14)他的恐吓信多发自纽约和韦斯特切斯特。在这两个地区中，斯拉夫人最集中的居住区是布里奇波特，他很可能住在那里。

(15)持续多年强调自己有病，必是慢性病。但癌症不能活16年，恐怕是肺病或心脏病，肺病现代已经很容易治愈，所以他是心脏病患者。

根据这种层层剥笋式的方式，博士最后得出结论：警方抓他时，他一定会穿着当时正流行的双排扣上衣，并将纽扣扣得整整齐齐。而且，建议警方将上述15个可能性公诸报端。F.P.重视读报，又不肯承认自己的弱点，他一定会做出反应以表现他的高明，从而自己提供线索。

果不其然，1956年圣诞节前夕，各报刊载这15个可能性后，F.P.从韦斯特切斯特又寄信给警方："报纸拜读，我非笨蛋，绝不会上当自首，你们不如将爱迪生公司送上法庭为好。"依据有关线索，警方立即查询了爱迪生公司人事档案，发现在20世纪30年代的档案中，有一个电机保养工乔治·梅特斯基因公烧伤，曾上书公司诉说染上肺结核，要求领取终身残疾津贴，但被公司拒绝，数月后离职。此人为波兰裔，当时（1956年）为56岁，家住布里奇波特，父母早亡，与其姐同住一个独院。他身高1.75米，体重74公斤。平时对人彬彬有礼。1957年1月22日，警方去他家调查，发现了制造炸弹的工作间，于是逮捕了他。

当时他果然身着双排扣西服，而且整整齐齐地扣着扣子。

层层剥笋法是一种更深入的思考方法，它使人们不只停留在表面，而是着眼于事物本质的探究。当你发现问题的核心时，你也许会惊叹：解决问题原来这么简单。

据说美国华盛顿广场上有名的杰弗逊纪念大厦，因年深日久，墙面出现裂纹。为了保护好这栋大厦，有关专家进行了专门研讨。

最初大家认为损害建筑物表面的元凶是侵蚀的酸雨。专家们进一步研究，却发现对墙体侵蚀最直接的原因，是每天冲洗墙壁所含的清洁剂对建筑物有酸蚀作用。为什么每天要冲洗墙壁呢？是因为墙壁上每天都有大量的鸟粪。为什么会有那么多的鸟粪呢？因为大厦周围聚集了很多燕子。为什么会有那么多的燕子呢？因为墙上有许多燕子爱吃的蜘蛛。为什么有那么多的蜘蛛呢？因为大厦四周有蜘蛛喜欢吃的飞虫。为什么有这么多的飞虫？因为飞虫在这里繁殖特别快。而飞虫在这里繁殖特别快的原因，是这里的尘埃最适宜飞虫繁殖。为什么这里最适宜飞虫繁殖？因为开着的窗阳光充足，大量飞虫聚集在此，超常繁殖……

由此发现，解决的办法很简单，只要拉下整幢大厦的窗帘。此前专家们设计的一套套复杂而又详尽的维护方案也就成了一纸空文。

层层剥笋法也为我们提供了一种信念：不被事物的表面现象所惑，

一层一层地排除外界现象的干扰，坚持下去，就可以触及问题的核心部位，为难题得以根本性解决打下基础。

目标识别法：根据目标进行判断

目标识别法要求我们在思考问题时要善于观察，发现事实和提出看法，并从中找出关键的现象，对其加以关注和深入思考。学者德波诺认为，这个方法就是要求"搜寻思维的某些现象和模式"，其要点是，确定搜寻目标，进行观察并做出判断。通过不断的训练，促进思维识别能力的提高。

在第一次世界大战时，各国训练了许多专职人员去辨别天空中的飞机，要求他们当飞机在很远的距离时就能判别出飞机的型号。现代军队，对各种武器装备的识别，也要运用这一"目标识别"方法进行训练，将观察对象的关键特征与头脑中的有关概念相联系。在思维中使用目标识别法一般是先设计或确定某一思维类型的关键现象、本质、看法等等，然后注意这一目标。这样的结果促使我们能识别特定的思维类型并采取相应的行动。

有这样一个故事，讲的就是利用目标识别法来夺取战争胜利的过程。

第一次世界大战期间，法国和德国交战时，法军的一个司令部在前线构筑了一座极其隐蔽的地下指挥部。指挥部的人员深居简出，十分诡秘。不幸的是，他们只注意了人员的隐蔽，而忽略了长官养的一只小猫。德军的侦察人员在观察战场时发现：每天早上八九点钟左右，都有一只小猫在法军阵地后方的一座土包上晒太阳。德军依此判断：

（1）这只猫不是野猫，野猫白天不出来，更不会在炮火隆隆的阵地上出没。

（2）猫的栖身处就在土包附近，很可能是一个地下指挥部，因为周围没有人家。

（3）根据仔细观察，这只猫是相当名贵的波斯品种，在打仗时还有兴趣玩这种猫的绝不会是普通的下级军官。

据此，他们判定那个掩蔽部一定是法军的高级指挥所。随后，德军集中 6 个炮兵营的火力，对那里实施猛烈袭击。事后证明，他们的判断完全正确，这个法军地下指挥所的人员全部阵亡。

目标识别法要求我们深入了解某一事物的特性，并根据这一特性进行一步步的判断，直至最终接近问题的核心。这种方法在我们的生活、工作中有着广泛的应用。如，便衣警察在公共场合抓扒手，也是通过扒手的典型举止和贪婪、诡秘的眼神来判定和跟踪。警察了解这些特殊表现，在执行任务时就会有意识地按一定的模式去搜索目标。

间接注意法：用"此"手段达到"彼"目的

间接注意法，即用一种拐了弯的间接手段，去寻找"关键"技术或目标，达到另一个真正目的。

有一个农夫分苹果的故事，讲述的就是农夫利用间接注意法达到了他原本的目的。

农夫有一个懒惰的儿子，一天，他让儿子把一堆苹果分为两种装进两个篓子里。一个篓子装大的，一个篓子装小的。傍晚农夫回到家里，看见儿子已经把苹果分开装进篓子。而且，鸟啄虫蛀的烂苹果也被挑出来堆在一边了。农夫谢过儿子，夸他干得漂亮。然后他取出一些口袋，把两个篓子里的大小苹果混装在一起。结果，大小苹果被胡乱搅和在一起，并没有按大小分开装。儿子气坏了，他不明白父亲既然要将苹果混装在一起的，可又为什么要自己费那么大力气把它们分开呢？农夫告诉儿子说，这不是什么花招。原来他是要儿子检查每一个苹果，把烂苹果扔掉。两个篓子只不过是拐了一个弯的间接手段，他的目的是要儿子非常仔细地检查每一个苹果。如果他不拐个弯，而是直截了当地叫儿子把烂苹果扔掉，那么儿子就不会仔细检查每一个苹果。他就会急急忙忙地把苹果翻检一下，只寻出那些一望而知已经坏透了的烂苹果，而不会去检查那些貌似完好其实已坏的烂苹果了。

农夫聪明地转移了儿子的注意力，他知道儿子懒惰、马虎，用直接的方法并不会收到良好的效果，便用了间接的手段，反而让儿子达到了自己的预期目标，实现了通过"B"得到"A"的结果。

善用此手法的还有美国总统林肯。

林肯早年曾当过律师。有一次，他接到这样一件案子：一个叫阿姆斯特朗的人被人诬告为谋财害命的杀人凶手。证人福尔逊一口咬定，亲眼看到阿姆斯特朗在半夜行凶杀人。对此，阿姆斯特朗难辩冤屈，眼看就要定案。林肯接案后，经过大量调查、访问，并亲自勘查现场，终于明白了其中的真相和事实。于是，法庭上出现了下面一番对话：

林肯：你起誓说认清了阿姆斯特朗吗？

福尔逊：是的。

林肯：你说你在草堆后面，阿姆斯特朗在大树底下，两处相距二三十码，能认清吗？

福尔逊：看得清清楚楚，因为月光很亮。

林肯：你敢肯定不是凭衣着猜测的吗？

福尔逊：我肯定认准了他的面容，因为月光正照在他脸上。

林肯：你能肯定凶杀时间正是晚上11点钟吗？

福尔逊：绝对肯定，因为回家时，我看了时钟，为11点一刻。

林肯笑着点了点头，之后，迅速转向陪审团，大声地向大家宣布："证人是个十足的骗子。他发誓说18日晚上11点钟月光照在凶手脸上，使他认出了阿姆斯特朗。但是，请法庭注意，10月18日是上弦月，不到11点月亮便已下山。就算月亮没有下山，月光照到被告脸上，这时被告脸朝向西面，而证人在树东面的草堆后，根本看不到被告的脸。如果被告回头，因为月光照不到脸，证人也无从认准。"

林肯的问题转移了证人的注意力，而使其忽略了这些证词综合到一起时却构成了一个显而易见的谎言。

我们所熟悉的运用间接法的人还有利用巧妙的方法称出大象重量

的曹冲。当石头与大象使船的吃水线在同一条线时，石头的重量便是大象的重量。在这个过程中，石头与船是间接测量手法的道具，却起到了重要的作用。

间接注意法往往给人一种"绕远"的错觉，为什么不采用直接的方法呢？

因为直接的方法往往达不到目的或不能很好地达到目的。就像曹冲称象，如果不用称石块的方法，恐怕要将大象宰杀之后才能得到它的体重了。前面的农夫用"苹果分大小"的方法来达到"挑出烂苹果"的目的也是一种避重就轻的智慧。

盯住一个目标不放

在南美洲的亚马孙河边，有一群羚羊在那儿悠然地吃着青青的长草。一只猎豹隐藏在远远的草丛中，竖起的耳朵四面旋转。它觉察到了羚羊群的存在，然后悄悄地、慢慢地接近羊群。

越来越近了，突然羚羊有所察觉，开始四散逃跑。猎豹像百米赛跑运动员那样，瞬时爆发，像箭一般冲向羚羊群。它的眼睛盯着一只未成年的羚羊，一直向它追去。

羚羊跑得飞快，但豹子跑得更快。在追与逃的过程中，猎豹超过了一头又一头站在旁边观望的羚羊，它没有掉头改追这些更近的猎物，而是一个劲地朝着那头未成年的羚羊疯狂地追去。那只羚羊已经跑累了，豹子也累了，在累与累的较量中，最后只能比速度和耐力。终于，猎豹的前爪搭上了羚羊的屁股，羚羊倒下了，豹子朝着羚羊的脖子狠狠地咬了下去。

可以说，一切食肉动物在选择追击目标时，总是选择那些老弱病残的，而且一旦选定目标，一般不会轻易放弃。因为中途轻易放弃选定的目标，就会前功尽弃，并且使精力有所损耗，从而使捕捉其他目标的打算更难实现，而最后的结果也必定是一无所获。

动物世界的这种普遍现象，也许是一种代代相传的本能。但是，在人们的思考过程中，依然要借鉴这种智慧。

收敛思维是针对一个问题寻求唯一正确答案的方法，在培养或运用这个思维法时，将目光集中在一个目标上，养成专注的习惯。

爱默生说："全神贯注于你所期望的事物上，必有收获。"

董必武说："精通一科，神须专注，行有余力，乃可他顾。"

美国的谚语也说：人只要专注于某一项事业，那就一定会做出使自己都感到吃惊的成绩来。

一个人一旦专注于某事，就能调整自己的思想，接受一切对他有益的信息。这样，整个世界都将是一本公开的书籍，任你随心所欲地翻阅，吸取你认为有用的精华，弃其糟粕。

甚至在一种极不平常的情形之下，只要我们能找着另一个专心的对象，我们还是能保持泰然自若的态度的。

倘若一个人十分专心于他的工作，他将会全神贯注地投入，就感觉不到外界的干扰。如果专注做一件工作，那么他只沉醉于工作，便无暇顾及自己。历史上有所成就的科学家都具有专注的品质，安培就是这样的一个典型。

一天傍晚，安培独自一人在街上散步。忽然，他脑子里想起了一道题目，于是就疾步向前面的一块"黑板"走去，并随手从口袋里掏出粉笔头，在"黑板"上演算起来。

可是，不知什么原因，"黑板"一下子挪动了地方，而安培的题还没有算完。他不知不觉地追随着"黑板"，一面走，一面计算。"黑板"越走越快，安培追不上了，这时候他才看见街上的人都朝着他哈哈大笑。安培被弄得莫名其妙，但他很快就知道了，那块会走动的"黑板"原来是一辆黑色的马车车厢的背面。

一天清晨，安培去工业大学讲课。一路上，他一边低着头走，一边还在思考着科研中的某个问题，无意间看见路上的一块小石子，形状奇异，颜色也与众不同，他觉得挺有趣。于是，俯身把小石头拾了起来，翻过来掉过去，琢磨了半晌。这时，远处的钟声敲响了，他猛地记起来还要去上课，急忙掏出怀表一看，"糟糕，上课的时间快到了"。他赶紧加快脚步，向学校走去，但脑子还是全神贯注在原先正在思考着的问题上。这时，他正走在巴黎的艺术桥上，忽然想起应该把石子扔掉，于是，他一只手把小石子装进了口袋，而另一只手却将怀表当作石子往外一抛。只见他那只装饰十分精美的怀表，在空中划出了一道"美丽的彩虹"，飞过大桥的栏杆，掉进了塞纳河。

要学习和运用收敛思维法，探究出最后的答案，就要清除头脑中分散注意力、产生压力的想法，令你的思维完完全全地融入当前的工作状态，把你的注意力集中在平静的、你能得心应手的事情上，这样会让你对自己、对别的所有的事情感到更舒服、更顺畅，在为人处世方面更加得心应手，达到事半功倍的效果。

找到问题的症结所在

有这样一个小故事。

澳大利亚是袋鼠的王国，生物学家为了研究袋鼠的生活习性，便捉了几只袋鼠并将它们关在了铁栅栏围成的笼子里，以备实验时用。

一天，管理人员发现袋鼠竟然从笼子里跑了出来，他们感到纳闷，后来开会讨论，众人一致认为是笼子的高度过低，袋鼠们从栅栏边上跳了出来。所以他们决定将笼子的高度由原来的 10 米增加到 20 米。但是第二天他们发现袋鼠还是跑到外面来了，所以他们决定再将高度增加到 30 米。

没想到过了几天，居然袋鼠全跑到外面，于是管理员们大为紧张，决定一不做二不休，将笼子的高度增加到 100 米。

小袋鼠问袋鼠妈妈："妈妈你看，这些人会不会再继续加高我们的笼子？"

袋鼠妈妈说："很难说，如果他们再继续忘记关上小铁门的话！"

生活中的许多事情都与这个故事有几分类似，人们往往能够发现问题，却不能真正找到问题的症结所在，而是盲目地把问题出现的原因归结到一些无关紧要的细枝末节上去。结果不但解决不了问题，反而浪费了巨大的物力和财力。

运用收敛思维的过程，就是将研究对象的范围一步步缩小，最终揭示问题核心的过程，所以，找到问题的实质，是彻底解决问题的关键，也是运用收敛思维应把握的原则之一。

在欧洲，自从西红柿采摘机发明之后，不少机械学家一直在忙于改进它。但是，那些经过改进的形形色色的采摘机，依然无法避免在采摘过程中把西红柿皮弄破。终于，人们注意到问题的关键不是采摘机太笨重，而是西红柿的皮太薄。要想彻底解决这个问题，只有请植物学家培育出一个新品种，使西红柿长出像水果那样厚的果皮。

从"采摘机不把西红柿皮弄破"到"让西红柿的果皮变厚"，难题得以顺利解决。

人们研究的目的是让西红柿被采摘机采下来时，能保证果皮完好。无论是改进采摘机还是让西红柿的果皮变厚，都是我们解决问题、达到目的的一种手段，而非问题的本质。

我们在分析问题的时候，更多地要透过现象看到问题的本质，而不能因一些表象因素受到蒙蔽或是在思维上走进死胡同。就如同当人们发现采摘机在现有情况下无法再改进时，就应当在问题本质的指引下，主动寻找另一条出路。

所以，面对问题，我们必须要培养一种"透过现象寻找本质"的能力，要将目光集中在问题的关键点上，这样更有助于又快又好地解决问题。

20 世纪 80 年代，当古兹维塔接掌可口可乐执行董事长时，面对的是百事可乐的激烈竞争，可口可乐的市场正被它蚕食。古兹维塔手下的管理者，把焦点全贯注在百事可乐身上，一心一意筹划着每月增长 0.1%的市场占有率。

如何才能占有更大的市场？古兹维塔苦苦思索这个问题。

古兹维塔决定停止与百事可乐的竞争，改为与 0.1% 的增长这一情境角逐。

他问起美国人一天的平均液态食品消耗量为多少，答案是 14 盎司。

可口可乐又在其中有多少？助手回答说是 2 盎司。

这时古兹维塔提出了他的看法，他说可口可乐做的只是增加市场占有率，我们的竞争对象不是百事可乐，而是需要占掉市场剩余 12 盎司的水、茶、咖啡、牛奶及果汁。当大家想要喝一点什么时，应该是去找可口可乐。为达此目的，可口可乐在每一个街头摆上贩卖机，销售量因此节节攀升，百事可乐从此再也追赶不上。

从争夺可乐的市场占有率，到争夺整个饮料市场的占有率，这是一个层次的提高，也是一个飞跃，为问题的解决开辟了另一条崭新的道路。

以现有的可乐饮料占有率，可口可乐和百事可乐已没有太大的竞争空间，无法创造更多利益，这时调整思路，开辟可乐在整个饮料中的市场，无疑是花同样的力气获得更大的收益。可口可乐遇到的问题是如何提高市场占有率，如何获利，这就是问题的本质。无论是从百事可乐还是其他饮料那儿争取到市场占有率，都是一种市场份额的提升，都能产生效果，而后者无疑更容易。

所有问题和需求都有发生的根源，这就是本质。问题和需求的表面现象总是与开发者的思路切入点相关，如果切入点是狭隘的，那么围绕着问题和需求的分析往往局限于自身的思路范围，问题和需求产生的原因就很难发觉。所以，无论解决何种问题，都要找到这个问题的症结在哪里，然后再分析解决它就不难了，这也是收敛思维法运用的主旨之一。

第四章

加减思维

——解决问题的奥妙就在"加减"中

加减思维的魅力

加减思维法，又称分合思维法，是一种通过将事物进行减与加、分与合的排列组合，从而产生创新的思维法。

所谓减，就是将本来相连的事物减掉、分开、分解；所谓加，就是把两种或两种以上的事物有机地组合在一起。

由于加减思维法是一种可以将资源重新打乱、重新配置的思维，通过加与减的不断变化和不断配置，可以大大增加解决问题的灵活性与创造力。

中国四大发明之一——活字印刷术的诞生就是加减思维法运用的一个实例。

在中国，最初字是刻在竹简上，称为"简牍"，后来蔡伦造纸是一大进步。到唐代初年，雕版印刷术又被发明了，但局限性仍然很大。

宋太祖时要印一部《大藏经》，光雕版就花了20多年的时间，雕成的 13 万多块版放满了几个大房间。再者，雕版中有了错字很难更改。另外，雕版很费材料，如果印过的书不再复印的话，一大堆雕版就成了废物，而要印新的书，就得重刻雕版。

毕昇起初也在使用传统的整版印刷术，但当他看到一块块精心雕刻的木板印完书后就丢弃了，觉得十分可惜，他想：这些字如果能够拆下来，不就可以重复使用了吗？

经过反复思考后，他选择用便宜的胶泥，将每个字分别刻成印章，然后按照文章的意思排列。

随后他又改进了制版技术。为了提高效率，他采用两块铁板，一块板印刷，另一块排字，交替使用，印得很快。

毕昇的发明主要有两点突破，一是字与字的分离；一是采用两个版，一个版印刷，一个版排字，时间上也就分离了。

这样就具有了原来印刷技术所缺乏的灵活性。由于开始就先强调"分"，到每一次印刷时，又根据具体需要，进行相应的"合"。这样一来，就彻底改变了原来那种死板的印刷术，使印刷技术进入了一个全新的时期。

加减思维在产业中也有普遍的适用性。在分分合合的加加减减中体现了商人非凡的智慧和卓越的办事能力。

日本有个商人开了一家药店，取名为"创意药局"。一起步，他就拿出奇招：将当时售价为 200 日元的常用膏药以 80 日元卖出，由于价格比别人低了许多，所以生意十分兴旺。有些顾客宁可多跑路也要到他的药局来购药。膏药的畅销使这位商人亏本越来越多，但也使药局很快有了知名度。3 个月过后，药局开始赢利了，且利润越来越大。为什么？因为前来购药的顾客单纯买膏药的不多，许多人会顺便买一些其他药品，而这些药品是有利可图的。靠着贱卖膏药多招顾客，靠着顺带售药赢得利润，所赢大大超过所亏，不仅有盈余，还深得顾客信任，拥有良好的口碑。

有加有减，时加时减，此加彼减；目标不变，策略灵活，这就是商家的精明之处。

曾有这样一个例子，说四川一家饭店在当地兴起吃蛇肉时，果断地以30%的幅度压下价格，招徕大批食客，带动其他菜肴的销售，从而大大发了财。这家饭店与日本药局的做法可以说是异曲同工。妙就妙在二者都是局部用减法，而全局得到的却是加法的效果。局部减法有广告功能，更有待人以诚的强大心理作用。

这就是加减思维的魅力。通过对事物进行加减、排列组合，使工作变得更便捷、效率更高，而且往往能够获得意想不到的收益。

1+1＞2的奥秘

加减思维分为加法思维与减法思维，分别代表了两个方向的思维方式。

加法思维，是将本来不在一起的事物组合在一起，产生创造性的思维方法，通过加法思维，常常会产生1+1＞2的神奇效果。

我们来看下面这个例子：

日本的普拉斯公司，是一家专营文具用品的小企业，一直生意冷淡。1984年，公司里一位叫玉村浩美的新职员发现，顾客来店里购买文具，总是一次要买三四种；而在中小学生的书包内，也总是散乱地放着钢笔、铅笔、小刀、橡皮等用品。玉村浩美于是想到，既然如此，为什么不把各种文具组合起来一起出售呢？她把这项创意告诉公司老板。于是，普拉斯公司精心设计了一只盒子，把五六种常用的文具摆进去。结果这种"组合式文具"大受欢迎，不但中小学生喜欢，连机关和企业的办公室人员，以及工程技术人员也纷纷前来购买。尽管这套组合文具的价格比原先单件文具的价格总和高出一倍以上，但依然十分畅销，在一年内就卖了300多万盒，获得了意想不到的利润。

以上两个案例都是较典型的加法思维，它的表现形式有扩展和叠加，并产生了奇妙的效果，就像画龙点睛故事当中那个点睛的神奇一笔，虽然就加那么一小点，原有的价值一下就倍增了。这种1+1的结果远远大于2，我们或许可以用这种方式来表达它的功用："100+1=1001"，这个"1"就是我们需要添加的那一点东西。

还有一种加法思维是在原有的主体事物中增添新的含义。主体的基本特性不变，但由于新含义的赋予，使其性能更丰富了。

腊月里的北京，着实寒冷。某电影院门口，一对老夫妇守着几筐苹果叫卖着。或许因为怕冷，大家多是匆匆而过，生意十分冷清。不久，一位教授模样的中年人看见这一情形，上前和老夫妇商量了几句，然后走到附近商店买来一些红彩带，并与老夫妇一起，将一大一小每两个苹果扎在一起，高声叫卖道："情侣苹果，两元一对！"年轻的情侣们甚觉新鲜，买者猛增，不大一会儿，苹果就卖完了。

日本某公司为了促销它的巧克力，想出了一个绝招。它们在1984年的情人节推出了"情话巧克力"——在心形的巧克力上写上"你的存在，使我的人生更加有意义"、"我爱你"之类的情话，结果大受情侣们的欢迎，那年的销售额上涨了两倍。

在这里，主体不管是苹果或巧克力，由于加上"情侣"或"情话"这一附加意义，当然效果就大不一样了。

将两种或两种以上不同领域的技术思想进行组合，以及将不同的物质产品进行组合的方法也称为加法思维。和主体附加不同，它不是丰满或增强主体的特性，而是直接产生一个新的事物。

1903年，莱特兄弟发明了第一架飞机之后，各国纷纷研制各种型号的飞机。飞机也被广泛应用于军事领域，有人提出，是否可以将飞机和军舰结合起来，使它能发挥更大的威力呢？

于是海军专家设计了两种方案：一是给飞机装上浮桶，使飞机能在海面上起飞和降落；二是将大型军舰改装，设置飞行甲板，使飞机在甲板上起飞和降落。

1910年，法国实行第一种方案成功，随后，美国一架挂有两个气囊的飞机从改装的轻型巡洋舰上起飞成功，"航空母舰"诞生了。

飞机和军舰本来是两种完全不同的东西，组合在一起的"航空母舰"既不是飞机，也不是普通舰艇，但兼有他们各自的特性，同时，它的战斗力比飞机与普通舰艇战斗力的相加要大得多。

由此我们也可以看出，加法思维并非对事物的简单合并，而是具有创造性的组合。在加法思维中，事物表现出了更深层的含义和价值，巧妙地运用加法思维，你将会得到意想不到的创意。

因为减少而丰富

在减法思维下，如果要研究的对象是一块"难啃的骨头"，那么不要紧，将其一部分一部分进行研究，分开而"食"就行了。

派克先生原来是一个销售自来水笔的小店铺的店主。他每天凝视着那些待售的笔发呆，真想制造出质量更好的笔，但是他无从下手。

终于有一天，他豁然开朗，把这一问题分成若干部分进行思考：从笔的成分构成、原料组成、造型、功能等多个方面分开分析，并对现有笔的长短处进行综合分析。如从笔的构成方面分析，就可将之分为笔杆、笔尖、笔帽等部分，这几个部分又可以进一步细化。如笔帽从造型方面分析，就有旋拧式、插入式、流线型等。

最后，他对笔进行改进，其发明的流线型、插入式的笔帽结构获得了专利。

这就是世界著名的派克自来水笔的由来。

派克笔的成功给了我们很大的启示：和我们许多人一样，派克先生在开始进行研究时，也是一筹莫展，不知从何处入手。但是，他运用减法思维，将笔的各种要素进行分解研究，这样就很清晰地找到了下手的着力点，终于取得了非凡的创新成就。

计算机是当今时代高科技的象征。西方世界首先开发出计算机、微电脑，创造了惊人的社会效益与经济效益。作为发展中国家的我国，在这方面落后了人家一大截，只能奋起直追。但也有思维独到的人反其道而行之，不做加法，而做减法，力图在简化中寻找出路。他们的劳动有了重要的突破，取得了令人欣喜的成果——将计算机中的光驱与解码部分分离出来，就成了千家万户都喜欢的ＶＣＤ；将计算机中的文字录入编辑和游戏功能取出来，就成了学习机。ＶＣＤ与学习机的问世，造就了一个消费热点，也造就了一大产业。比尔·盖茨因此盛赞中国企业家独具慧眼，开发出一个利润丰厚的ＶＣＤ与学习机市场，首次领导了世界高新产品的潮流。

减法思维在节约成本方面也有着较为成功的应用。

或许有人要说，节约是永恒的话题，算不上创造性思维。其实不然。有些事物本是明摆着的，可人们就是视而不见，熟视无睹，听之任之，未能进入视野；而有思维敏感性的人，注意到了它，并认真思考了，就找到了解决问题的办法。

美国一名铁路工程师办事很认真，凡事喜欢动脑筋。有一次，他在铁轨上行走，发现每一颗螺丝钉都有一截露在外面。为什么必须有多余的这一节呢？不留这一节行不行？他问过许多人，都说不出个所以然。经过试验，他发现，这一节完全没有存在的必要。于是，他决定改造这种螺丝钉。同事们都笑话他小题大做，说历来都这样做，谁也没说个不字，何必标新立异，多操闲心。这位工程师不为所动，坚持做自己的。结果每个螺丝钉节约50克钢铁，每公里铁轨有螺丝钉3000个，节约钢铁150公斤；他所在的公司拥有铁路1.8万公里，总共有5400万个螺丝钉,总计节约了2700吨钢铁。事实令同事们信服了。

减法思维涉及用人、用财、用物、用时等生活工作的各个方面，是一篇永远做不完的大文章，需要我们认真去观察、仔细去思考。掌握了减法思维的要义，你会发现生活中许多问题都迎刃而解了。

分解组合，变化无穷

加减思维法的一个特点就是对事物进行分解或组合，以构成无穷的变化状态。在运用中可以先加后减，亦可先减后加，以达到创新的目的。

美国的《读者文摘》是全世界最畅销的杂志，它的诞生来自于它的创始人德惠特·华莱士的一个"加减联用"的创意。

28 岁的时候，华莱士应征入伍，在一次战役中负伤，进入医院疗养。在养伤期间，他阅读了大量杂志，并把自己认为有用的文章抄下来。一天，他突然想：这些文章对我有用，对别人也一定有用，为什么不把它编成一册出版呢？

出院后，他把手头的 31 篇文章编成样本，到处寻找出版商，希望能够出版，但均遭到了拒绝。

华莱士没有灰心，两年后，他自费出版发行了第一期《读者文摘》。事实证明：他把最佳文章组合精编成一册袖珍型的非小说刊物是一个伟大的创意。今天，《读者文摘》发行已达到 2000 多万册，并翻译成 10 多种文字发行。这种办刊方法也为他人所效仿，在我国，目前此类报纸杂志已有数十种。

在这里，"分"是将每一篇文章的精粹从文章中分离出来，或将每一篇文章从每本书里分离出来；"合"是每篇精选过的文章都要在《读者文摘》中以集合的方式刊登出来。这样就产生了一大批精彩文章所组成的"集合效应"。

运用加减思维取得卓越成就的还有毛泽东主席。

解放战争时期，党中央、毛主席领导人民军队由小变大、由弱变强，最后夺取全国胜利，很重要的一个原因，就是成功地应用了加减思维。当时，国民党军队有 430 万人，又接受了侵华日军 100 万人的装备，且有用美国武器装备的 45 个师，更兼有美国人帮助训练的 15 万人的精锐部队，同时美国飞机还将 54 万国民党军队运送到内战前线。而人民军队则只有陆军 120 万人，没有海军、空军，没有外援，装备仅是小米加步枪。双方军力悬殊，难怪蒋军叫嚷"5 个月内在军事上整体解决中共"。

在这种形势下，硬打硬拼，寸土必争，只能是以卵击石，肯定不是好办法。为此，人民解放军采取了积极防御的战略方针，以歼灭敌人的有生力量为主要目标，不以保守或夺取一城一地为主要目标。当时的指导思想是"存人失地，人地两得；存地失人，人地两失"。从思维上说，这也是减法视角的应用——缩小我们的地盘，缩短我们的战线；减小蒋军的规模，改变双方的力量对比。这是辩证法，是加法与减法的综合应用。

结果，经过 8 个月的激战，人民解放军放弃了 105 座城市和一些地方，却获得了消灭敌军 65 个旅、71 万人的巨大战绩；而敌军虽占领了一些城市和地方，但因战线过长，兵力分散，背上包袱，最后不得不放弃全面进攻。

由此看来，"舍弃"是一种手段，"获得"才是目的。"舍弃"的是次要的、局部的、暂时的利益，"获得"的是主要的、全局的、长远的利益。这种舍弃是有计划、有目标的主动舍弃。古人说："将欲取之，必先予之。"在条件不具备时，勉强去夺取或保存某种利益，往往吃力不讨好。如能暂时放弃它，去等待时机、创造机会，再将它夺回来，效果可能会更好。

在《三十六计》中有"欲擒故纵"一计，内容是"逼则反兵，走则减势。紧随勿迫，累其气力，消其斗志，散而后擒，兵不血刃"。译为今文，大意是：逼迫敌人太紧，他可能因此拼死反扑，若让他逃跑，则可以削减他的气势。要盯上他，不要逼迫他，以削弱敌军斗志，拖垮他的心力，待他气力散失，而后擒拿他。

这里说的虽然是军事上两军对垒时的用计，但与商场上、思想上的两相对垒道理是相通的。

我们不妨认为，擒是加法，纵是减法；擒是获得，纵是舍弃；擒是目的，纵是手段，加减联用，方为智慧较量之上计。

为你的视角做加法

怎样培养加法思维呢？

这需要培养我们为自己的视角做加法的能力。

可在一件东西上添加些什么吗？把它加大一些，加高一些，加厚一些，行不行？把这件东西和其他东西加在一起，会有什么结果？

饼干＋钙片＝补钙食品；

日历＋唐诗＝唐诗日历；

剪刀＋开瓶装置＝多用剪刀；

白酒＋曹雪芹＝曹雪芹家酒。

这就是"加一加"视角。

加法体现的是一种组合方式。"加一加"视角就是将双眼射向各种事物，努力思考哪几种可以组合在一起，从而产生新的功能。环顾办公室的用品、住宅里的用具，纯粹单要素的物件很少，大部分是复合物。社会的进步，永远离不开"加一加"视角。

我们的生活中的许多物品都是"加一加"视角的产物，如在护肤霜里加珍珠粉便成了珍珠霜；奶瓶上加温度计便可随时测量牛奶的温度，避免婴儿喝的奶过热或过冷；汽车上安装 GPRS 定位系统，便可随时锁定汽车方位，为破获汽车盗窃等案件提供了便利。

在香港市场上，中国内地、泰国、澳大利亚的大米声誉不错。中国内地大米香，泰国大米嫩，澳大利亚大米软，三者各有特色，各具优势。但奇怪的是，三者都销路平平，不见红火。或许是特色太突出而难以吊人胃口吧。米商很发愁，思考如何改变这种状况。

一天，米商突发奇想，将三种米混合起来如何？自家试着煮着吃，味道好极了。他如法炮制，自己"加工"出"三合米"，谁知得到了广泛的认同，争得了一片好行情。

三米合一，十分简单，却耐人寻味。它的神奇之处在于共生共存、取长补短——三优相加长更长，三短相接短变长；三者杂处，长处互见，短处互补。

由此推衍开去，我们可以想到鸡尾酒，想到酱醋辣的三味合一的调味品，想到农业上的复合肥，想到医药上的复方药……航天飞机实际是火箭、飞机和宇宙飞船的组合。机械与电脑相结合的工业品和生活用品已屡见不鲜，如程控机床、电脑洗衣机、电子秤、电子照相机等。

"加一加"视角可以使事物进行重新组合，产生更有价值的物品。掌握这种方法，需要我们增加思维敏感度，多观察、多思考，便可以随时随地产生加法的创意。

减掉繁杂，留下精华

减法视角要求我们在观察事物时，经常问一问：把它减小一些，降低一些，减轻一些，行不行？可以省略取消什么吗？可以降低成本吗？可以减少次数吗？可以减少些时间吗？

无线电话、无线电报以及无人售货、无人驾驶飞机等都属"减一减"的成果。用"减一减"的办法，将眼镜架去掉，再减小镜片，就发明制造出了隐形眼镜。随着科技的发展，许多产品向着轻、薄、短、小方向发展。

生活中的许多物品都是"减一减"视角的产物，如：

肉类－油脂＝脱脂食品；

水－杂物＝纯净水；

铅笔－木材＝笔芯。

"加一加"视角将简单事物复杂化，单一功能复合化，那是一种美，使人享受丰富多彩的现代生活；"减一减"视角则将复杂事物简单化，多样功能专一化，也是一种美，给人轻快灵便、简洁明了的愉悦。

"减一减"视角在组织机构优化方面也起着重要的作用。解放军有个永恒的话题：精兵简政、精简整编。

解放军用"精兵简政、精简整编"的方式淘汰不适应甚至是落后的组织编制、人员，通过调整整合，注入新鲜血液，使部队保持战斗力。新中国成立后的50多年中，解放军经历了10次大裁军。通过裁军，解放军向精兵、合成、高效的方向迈出了坚实的步伐。

企业的发展也是如此。

企业在成长过程中，首先面临的是由小变大的问题。没有一定规模，没有一定实力，就不可能是一个有影响的企业，所以，大多数企业开始都是用"加法"的方式把企业做起来。但企业由大变强，就需要调整企业的产业和组织结构，可以说，企业由大变强，再通过"强"变得更大，则是靠"减法"。

万科集团起家时靠的是"加法"，最红火的时期大约是在 1992 年前后。1993 年后，逐渐成熟起来的万科开始收缩战线，做起了"减法"：第一，1993 年，在涉足的多个领域中，万科提出以房地产为主业，从而改变了过去的摊子平铺、主业不突出的局面；第二，在房地产的经营品种上，1994 年，万科提出以城市中档民居为主业，从而改变了过去的公寓、别墅、商场、写字楼什么都干的做法；第三，在房地产的投资地域上，1995 年底，万科提出回师深圳，由全国的 13 个城市转为重点经营京、津、沪特别是深圳四个城市；第四，在股权投资上，从1994 年起，万科对在全国 30 多家企业持有的股份，开始分期转让。

万科从 1984 年成立，到 1993 年的 10 年间，从一个单一的摄像器材贸易商，发展到经营进出口、零售、房地产、投资、影视、广告、饮料等 13 大类，参股 30 多家企业，战线一度广布 38 个城市的综合经营商。对于大多数企业来说，加法是容易的，因为在中国经济的大发展中，机会是非常多的，换句话说，诱惑是非常多的。但在 1992 年底，万科却走上了"减法"之路。正是这种"先加后减"，使万科成为中国房地产业的龙头老大。

佛教中有个词汇叫"舍得"，正印证了减法思维的要义：有舍才有得。有时小舍会有小得，大舍会有大得，不舍则不得，这是经过了生活验证的，是普遍适用的。

增长学识，登上成功的顶峰

生活的过程就像是在攀登一座高峰，在这期间，知识成为一块块垫脚石，我们只有运用加法思维，不断增加自己的学识，才能在这个日新月异的世界立足，才能有望攀上成功的顶峰。

英国唯物主义哲学家弗兰西斯·培根在其《新工具》一书中提出了"知识就是力量"的著名论断，他写道："任何人有了科学知识，才可能驾驭自然、改造自然，没有知识是不可能有所作为的。"

随着社会的发展，知识的作用愈加重要，特别是知识经济已经来临的今天，可以说，知识不仅是力量，而且是最核心的力量，是终极力量。

对此，李嘉诚先生曾深有体会地说，在知识经济的时代里，如果你有资金，但是缺乏知识，没有新的信息，无论何种行业，你越拼搏，失败的可能性越大；若你有知识，没有资金，小小的付出都能够有回报，并且很可能获得成功。

所以说，人没有钱财不算贫穷，没有学问才是真正的贫穷。加法思维在这里的正确运用就是想方设法增加学识，而不是一味地增加钱财。只有增加了学识，才能更顺利地登上成功的顶峰。

有这样一则小故事。

一次，德国戴姆勒·克莱斯勒公司里一台大型电机发生故障，几位工程师找不出毛病到底在哪儿，只得请来权威克莱姆·道尔顿。这位权威人士在现场看了一会儿，随手用粉笔在机器的一个部位画了个圆圈，表示问题就出在这里。一试，果然如此。在付报酬时，克莱姆·道尔顿开出的账单是1万美元。人们都认为要价太高了，因为他只画了一个圆圈呀。但是克莱姆·道尔顿在付款单上写道："画一个圆圈1美元，知道在哪里画圆圈值9999美元。"

多么巧妙的回答。画一个圆圈是每个人都会的，然而并不是谁都知道该画在什么地方。这正显示了知识的价值和力量。

有了知识积累，有了一定的学识，命运便会为你开启一扇幸运之门，使你一步步走向成功。

当年，华罗庚虽然辍学，但凭借对数学的热爱，他一直没有放弃学习，积累了许多数学知识，为他以后的发展和成功打下了坚实的基础。

一次，华罗庚在一本名叫《学艺》的杂志上读到一篇《代数的五次方程式之解法》的文章，惊讶得差点叫出声来："这篇文章写错了！"于是，这个只有初中文化程度的 19 岁青年，居然写出了批评大学教授的文章：《苏家驹之代数的五次方程式解法不能成立之理由》，投寄给上海《科学》杂志。

华罗庚的论文发表后，引起了清华大学数学系主任熊庆来教授的注意。这位数学前辈以他敏锐的洞察力和准确的判断力认为：华罗庚将是中国数学领域的一颗希望之星！

当得知华罗庚竟是小镇上一名失学青年时，熊庆来教授大为震惊！熊庆来教授爱才心切，想方设法把华罗庚调到了清华大学当助理员。进入这所蜚声海内外的高等学府，华罗庚如鱼得水。他一边工作，一边学习、旁听，熊庆来教授还亲自指导他学习数学。

命运再一次对这位努力不懈者展现了应有的青睐。到清华大学的 4 年中，华罗庚接连发表了十几篇论文，自学了英文、德文、法文，最后被清华大学破格提升为讲师、教授。

华罗庚的事迹说明了，要增加学识，最直接、最有效的途径就是学习。学习，是对加法思维的创造性运用。如果将我们一生的成就比为一幢大厦，学习的过程就是逐渐添砖加瓦的过程。学习已经越来越具有主动创造、超前领导、生产财富和社会整合的功能。面对信息的裂变、知识的浪潮，用加法思维进行"终身学习"是每个现代人生存和发展的基础。

放弃何尝不是明智的选择

放弃是智者面对生活的明智选择，是减法思维在生活中的应用，只有懂得何时放弃的人，才会事事如鱼得水。

选择与放弃，这几乎是每个人每一天都会在自己的生活中遇到的问题，如果你能够看破其中的奥秘，做到明智选择，轻松放弃，就能让自己的生活变得简单。

放弃，意味着重新获得。明智的放弃胜过盲目的坚持。生活中我们应当学会适时地放弃。放弃一些无谓的执着，你就会收获一种简单的生活。

日本著名的禅师南隐说过，不能学会适当放弃的人，将永远背着沉重的负担。生活中有舍才有得，如果我们想抓住所有的东西不放，结果就可能什么也得不到。

艾德11岁那年，一有机会便去湖心岛钓鱼。在鳟鱼钓猎开禁前的一天傍晚，他和妈妈早早又来钓鱼。安好诱饵后，他将鱼线一次次甩向湖心，在落日余晖下泛起一圈圈的涟漪。

忽然钓竿的另一头沉重起来。他知道一定有大家伙上钩，急忙收起鱼线。终于，孩子小心翼翼地把一条竭力挣扎的鱼拉出水面。好大的鱼啊！它是一条鳟鱼。

月光下，鱼鳃一吐一纳地翕动着。妈妈打亮小电筒看看表，已是晚上10点——但距允许钓猎鳟鱼的时间还差两个小时。

"你得把它放回去，儿子。"母亲说。

"妈妈！"孩子哭了。

"还会有别的鱼的。"母亲安慰他。

"再没有这么大的鱼了。"孩子伤感不已。

他环视四周，已看不到渔艇或钓鱼的人，但他从母亲坚决的脸上知道无可更改。暗夜中，那鳟鱼抖动着笨大的身躯慢慢游向湖水深处，渐渐消失了。

这是很多年前的事了，后来艾德成为纽约市著名的建筑师。他确实没再钓到那么大的鱼，但他却为此终生感谢母亲。因为他通过自己的诚实、勤奋、守法，猎取到了生活中的大鱼——事业上成绩斐然。

放弃，意味着重新获得。要想让自己的生活过得简单一些，你就有必要放弃一些功利、应酬，以及工作上的一些成就。只有放弃一些生活中不必要的牵绊，才能够让你的生活真正简单起来。

中国有句老话：有所不为才能有所为。去除那些对你是负担的东西，停止做那些你已觉得无味的事情。只有这样，你才能更好地把握自己的生活。

杰克见到房东正在挖屋前的草地，有点不相信自己的眼睛："这些草你要挖掉吗？它们是那么漂亮，而你又花了多少心血呀！""是的，问题就在这里。"他说，"每年春天我要为它施肥、透气，夏天又要浇水、剪割，秋天要再播种。这草地一年要花去我几百个小时，谁会用得着呢？"

现在，房东在原先的草地种上了一棵棵柿子树，秋天里挂满了一只只红彤彤的小灯笼，可爱极了。这柿子树不需要花什么精力来管理，使他可以空出时间干些他真正乐意干的事情。

选择总在放弃之后。明智之人在做出一项选择之前总会先把自己要放弃的找出来，并果断地将之放弃。例如，当你决定要健康的时候，你就要放弃睡懒觉，放弃巧克力糖，放弃美食……当你要享受更轻松的生活的时候，你就要放弃一些工作上的琐事和无休止的加班，等等。总之，真正的智者，懂得何时该放弃，他们懂得放弃之中蕴藏的机会，放弃了才能再做新的，才有机会获得成功。这样的放弃其实是为了得到，是在放弃中开始新一轮的进取，绝不是低层次的三心二意。拿得起，也要放得下；反过来，放得下，才能拿得起。荒漠中的行者知道什么情况下必须扔掉过重的行囊，以减轻负担、保存体力，努力走出困境而求生。该扔的就得扔，连生存都不能保证的坚持是没有意义的。

放弃也是一种选择，有放弃才能有所得。人不仅要知道进取，也要学会认输、知道放弃，进取和放弃同样重要。

生命如舟，生命之舟载不动太多的物欲和虚荣，要想使之在抵达彼岸前不在中途搁浅或沉没，就必须减轻载重，只取需要的东西，把那些应该放下的"坚果"果断地放下。

我们应该明白这样的道理：人的一生，不可能什么东西都得到，总有需要放弃的东西。不懂得放弃，就会变得极端贪婪，结果什么东西都得不到。学会辩证地看待这个世界：放弃今天的舒适，努力"充电"学习，是为了明天更好地生活。若是一味留恋今天的悠闲生活，有可能明天你将整天地哭泣。学会放弃，可以使你轻装前进，攀登人生更高的山峰。

学会运用人生加减法

月有阴晴圆缺，人有悲欢离合。有人将人生比成一场戏，在舞台上时刻上演着分分合合、加加减减的剧目。实际上，人生又是一种自我经营的过程，要经营就要讲运算。我们要在生活中学会运用人生加减法，掌握人生的主动权。

人生需要用加法。人生在世，总是要追求一些东西，追求什么是人的自由，所谓人各有志，只要不违法，手段正当，不损害别人，符合道德伦理，追求任何东西都是合理的。比如，有的人勤奋工作，奋力拼搏为的是升职；有的人风里来雨里去，吃尽苦头，为的是增加手中的财富；有的人"头悬梁，锥刺股"发奋读书是为了增长知识；有的人刻苦研究艺术，为的是增加自己的文化品位；有的人全身心投入社会实践中，为的是增加才能；有的人待人诚恳，为的是多交挚友；有的人坚持锻炼身体，为的是强健体魄、增加精力……人生的加法，使人生更加丰富多彩。加法人生的原则是提倡公平竞争，不论在物质财富上还是在精神财富上胜出者，都应给予鼓励。加法人生是一种积极的人生。

人生需要用减法。哲人说，人生如车，其载重量有限，超负荷运行促使人生走向其反面。人的生命有限，而欲望无限。我们要学会淡然地看待得失，用减法减去人生过重的负担，否则，负担太重，人生不堪重负，结果往往事与愿违。

有一次，先知带着他的学生来到了一个山洞里。学生们正纳闷儿，他却打开了一座神秘的仓库。这个仓库里装满了放射着奇光异彩的宝贝。仔细一看，每件宝贝上都刻着清晰可辨的字，分别是：骄傲、忌妒、痛苦、烦恼、谦虚、正直、快乐……这些宝贝是那么漂亮，那么迷人。这时先知说话了："孩子们，这些宝贝都是我积攒多年的，你们如果喜欢的话，就拿去吧！"

学生们见一件爱一件，抓起来就往口袋里装。可是，在回家的路上他们才发现，装满宝贝的口袋是那么沉重，没走多远，他们便感到气喘吁吁，两腿发软，脚步再也无法挪动。先知又开口了：孩子，还是丢掉一些宝贝吧，后面的路还很长呢！"骄傲"丢掉了，"痛苦"丢掉了，"烦恼"也丢掉了……口袋的重量虽然减轻了不少，但学生们还是感到很沉重，双腿依然像灌了铅似的。

"孩子们，把你们的口袋再翻一翻，看看还有什么可以扔掉一些。"先知再次劝学生们。

学生们终于把最沉重的"名"和"利"也翻出来扔掉了，口袋里只剩下了"谦逊"、"正直"和"快乐"……一下子，他们有一种说不出的轻松和快乐。先知也长舒了一口气说："啊，你们终于学会了放弃！"

人生应有所为，有所不为。

著名科普作家高士其原名叫高仕镇，后改成了高士其，有些朋友不解其意。他解释说：去掉"人"旁不做官，去掉"金"旁不要钱。高士其以惊人的毅力创作了50年，创作了500万字的科普作品。

华盛顿是美国的开国之父，他在第二届总统任期届满时，全国"劝进"之声四起，但他以无比坚强的意志坚持卸任，完成了人生的一次具有重要意义的减法，至今美国人民仍自豪于华盛顿为美国建立的制度。

人生加减法，体现了太多的加减思维与加减智慧，对我们生活的方方面面有着至关重要的作用，是需要我们用心去体会、去学习的。

第五章

逆向思维

——答案可能就在事物的另一面

逆向思维是一种重要的思考能力

逆向思维法又称反向思维法，是指为实现某一创新或解决某一用常规思路难以解决的问题，而采用反向思维寻求解决问题的方法。它主要包括反转型逆向思维法、转换型逆向思维法、缺点逆用法和反推因果法。

逆向思维法的魅力之一，就是对某些事物或东西，从反面进行利用。运用逆向思维是一种创造能力。

逆向思维就是大违常理，从反面进行探索问题和解决问题的思维。

南唐后主李煜派博学善辩的徐铉到大宋进贡。按照惯例，大宋朝廷要派一名官员与其使者入朝。朝中大臣都认为自己辞令比不上徐铉，谁都不敢应战，最后反映到宋太祖那里。

太祖的做法大大出乎众人意料，命人找 10 名不识字的侍卫，把他们的名字写上送进宫，太祖用笔随便圈了个名字，说："这人可以。"在场的人都很吃惊，但也不敢提出异议，只好让这个还未明白是怎么回事的侍卫前去。

徐铉见了侍卫，滔滔不绝地讲了起来，侍卫根本搭不上话，只好连连点头。徐铉见来人只知点头，猜不出他到底有多大能耐，只好硬着头皮讲。一连几天，侍卫还是不说话，徐铉也讲累了，于是也不再吭声。

这就是历史上有名的宋太祖以愚困智解难题之举。

照一般的做法：对付善辩的人，应该是找一个更善辩的人，但宋太祖偏偏找一个不认识字的人去应对。这样一来，反倒引起了善辩高手的猜疑：认为陪伴自己的人，是代表宋朝"国家级水平"的人，既猜不透，又不敢放肆。以愚困智，只因智之长处，根本无法发挥，这实际上是一种"化废为宝"的逆向思维方式。逆向思维对经营或者技术发明同样具有很大的创新意义。

1820 年，丹麦哥本哈根大学物理学教授奥斯特，通过多次实验证实存在电流的磁效应。这一发现传到欧洲大陆后，吸引了许多人参加电磁学的研究。英国物理学家法拉第怀着极大的兴趣重复了奥斯特的实验。果然，只要导线通上电流，导线附近的磁针立即会发生偏转，他深深地被这种奇异现象所吸引。当时，德国古典哲学中的辩证思想已传入英国，法拉第受其影响，认为电和磁之间必然存在联系并且能相互转化。他想既然电能产生磁场，那么磁场也能产生电。

为了使这种设想能够实现，他从 1821 年开始做磁产生电的实验。几次实验都失败了，但他坚信，从反向思考问题的方法是正确的，并继续坚持这一思维方式。

10 年后，法拉第设计了一种新的实验，他把一块条形磁铁插入一只缠着导线的空心圆筒里，结果导线两端连接的电流计上的指针发生了微弱的转动，电流产生了！随后，他又完成了各种各样的实验，如两个线圈相对运动，磁作用力的变化同样也能产生电流。

法拉第 10 年不懈的努力并没有白费，1831 年他提出了著名的电磁感应定律，并根据这一定律发明了世界上第一台发电装置。

如今，他的定律正深刻地改变着我们的生活。

法拉第成功地发现电磁感应定律，是运用逆向思维方法的一次重大胜利。传统观念和思维习惯常常阻碍着人们的创造性思维活动的展开，逆向思维就是要冲破框框，从现有的思路返回，从与它相反的方向寻找解决难题的办法。常见的方法是就事物的结果倒过来思维，就事物的某个条件倒过来思维，就事物所处的位置倒过来思维，就事物起作用的过程或方式倒过来思维。生活实践也证明，逆向思维是一种重要的思考能力，它对于人才的创造能力及解决问题能力的培养具有相当重要的意义。

做一条反向游泳的鱼

当你面对一个史无前例的难题，沿着某一固定方向思考而不得其解时，灵活地调整一下思维的方向，从不同角度展开思考，甚至把事情整个反过来想一下，那么就有可能反中求胜，摘得成功的果实。

宋神宗熙宁年间，越州（今浙江绍兴）闹蝗灾。成片的蝗虫像乌云一样，遮天蔽日。所到之处，禾苗全无，树木无叶，一片肃杀景象。当然，这年的庄稼颗粒无收。

当时，新到任的越州知州赵汴，就面临着整治蝗灾的艰巨任务。越州不乏大户之家，他们有积年存粮。老百姓在青黄不接时，大都过着半饥半饱的日子，而一旦遭灾，便缺大半年的口粮。灾荒之年，粮食比金银还贵重，哪家不想存粮活命？一时间，越州米价飞涨。

面对此种情景，僚属们都沉不住气了，纷纷来找赵汴，求他拿出办法来。借此机会，赵汴召集僚属们来商议救灾对策。

大家议论纷纷，但有一条是肯定的，就是依照惯例，由官府出告示，压制米价，以救百姓之命。僚属们七嘴八舌，说附近某州某县已经出告示压米价了，我们倘若还不行动，米价天天上涨，老百姓将不堪其苦，甚至会起事造反的。

赵汴听了大家的讨论后，沉吟良久，才不紧不慢地说："今次救灾，我想反其道而行之，不出告示压米价，而出告示宣布米价可自由上涨。""啊？"众僚属一听，都目瞪口呆，先是怀疑知州大人在开玩笑，而后看知州大人蛮认真的样子，又怀疑这位大人是否吃错了药，在胡言乱语。赵汴见大家不理解，笑了笑，胸有成竹地说："就这么办。起草文书吧！"

官令如山倒，大人说怎么办就怎么办。不过，大家心里都直犯嘀咕：这次救灾肯定会失败，越州将饿殍遍野，越州百姓要遭殃了！这时，附近州县都纷纷贴出告示，严禁私增米价。若有违犯者，一经查出，严惩不贷。揭发检举私增米价者，官府予以奖励。而越州则贴出不限米价的告示，于是，四面八方的米商纷纷闻讯而至。头几天，米价确实增了不少，但买米者看到米上市的太多，都观望不买。然而过了几天，米价开始下跌，并且一天比一天跌得快。米商们想不卖再运回去，但一则运费太贵，增加成本，二则别处又限米价，于是只好忍痛降价出售。这样一来，越州的米价虽然比别的州县略高点，但百姓有钱可买到米；而别的州县米价虽然压下来了，但百姓排半天队，却很难买到米。所以，这次大灾，越州饿死的人最少，受到朝廷的嘉奖。

僚属们这才佩服了赵汴的计谋，纷纷来请教其中原因。赵汴说："市场之常性，物多则贱，物少则贵。我们这样一反常态，告示米商们可随意加价，米商们都蜂拥而来。吃米的还是那么多人，米价怎能涨上去呢？"原来奥妙在于此。

很多时候，对问题只从一个角度去想，很可能进入死胡同，因为事实也许存在完全相反的可能。有时，问题实在很棘手，从正面无法解决，这时，假如探寻逆向可能，反倒会有出乎意料的结果。

有一个故事，主人公也是运用了逆向思维的手法而取得了不错的收益。

巴黎的一条大街上，同时住着三个不错的裁缝。可是，因为离得太近，所以生意上的竞争非常激烈。为了能够压倒别人，吸引更多的顾客，裁缝们纷纷在门口的招牌上做文章。一天，一个裁缝在门前的招牌上写上了"巴黎城里最好的裁缝"，结果吸引了许多顾客光临。看到这种情况以后，另一个裁缝也不甘示弱。第二天，他在门口挂出了"全法国最好的裁缝"的招牌，结果同样招揽了不少顾客。

第三个裁缝非常苦恼，前两个裁缝挂出的招牌吸引了大部分的顾客，如果不能想出一个更好的办法，很可能就要成为"生意最差的裁缝"了。但是，什么词可以超过"全巴黎"和"全法国"呢？如果挂出"全世界最好的裁缝"的招牌，无疑会让别人感觉到虚假，也会遭到同行的讥讽。到底应该怎么办？正当他愁眉不展的时候，儿子放学回来了。当他知道父亲发愁的原因以后，笑着说："这还不简单！"随后挥笔在招牌上写了几个字，挂了出去。

第三天，另两个裁缝站在街道上等着看他们的另一个同行的笑话，但事情却超出了他们的意料。因为，他们发现，很多顾客都被第三个裁缝"抢"走了。这是什么原因？原来，妙就妙在他的那块招牌上，只见上面写着"本街道最好的裁缝"几个大字。

在竞争日趋激烈的今天，人们更需要借助于非常规的思维方式来取胜。在上面的故事中，面对其他人提出的全城和全国的"大"，裁缝的儿子却利用街道的"小"来做文章，并最终取得了胜利。因为在全城或者全国，他不一定是最好的，但在街道这个特定区域里，他就是最好的，而这才是具有绝对竞争力的。

思维逆转本身就是一种灵感的源泉。遇到问题，我们不妨多想一下，能否朝反方向考虑一下解决的办法。反其道而行是人生的一种大智慧，当别人都在努力向前时，你不妨倒回去，做一条反向游泳的鱼，去寻找属于你的道路。

反转你的大脑

人一旦形成了某种认知，就会习惯地顺着这种思维定式去思考问题，习惯性地按老办法想当然地处理问题，不愿也不会转个方向解决问题，这是很多人都有的一种愚顽的"难治之症"。这种人的共同特点是习惯于守旧、迷信盲从，所思所行都是唯上、唯书、唯经验，不敢越雷池一步。而要使问题真正得以解决，往往要废除这种认知，将大脑"反转"过来。

美国的一个城市有座著名的高层大厦，因客人不断增多，很多人常常被堵在电梯口。大厦主人决定增建一座电梯。电梯工程师和建筑师为此反复勘察了现场，研究再三，决定在各楼层凿洞，再安装一部新电梯。不久，图纸设计好了，施工也已准备就绪。这时，一个清洁工人听说要把各层地板凿开装电梯，便说：

"这可要搞得天翻地覆喽！"

"是啊！"工程师回答说。

"那么，这个大厦也要停止营业了？"

"不错，但是没有别的办法。如果再不安装一部电梯，情况比这更糟。"

"要是我呀，就把新电梯安装在大楼外边。"清洁工不以为然地说。

没料到，这个"不以为然"的想法，竟成为世界上把电梯安装在大楼外边的"首创"者。

有人也许会问，论知识水平，工程师比清洁工高得多，可为什么想不到这一点呢？说来也不奇怪。原来在这两位工程师的心目中，楼梯不管是木制的、混凝土的还是电动的，都是建在楼内之梯。如今要新增电梯，理所当然也只能建在楼内、楼外，他们连想也没想过。

清洁工人却根本没有这个框框。她所想的是实际问题：怎样才能不影响公司正常营业，她本人也不至于失去工作？于是她便很自然地提出把新电梯建在楼外的想法。

言者无意，听者有心。清洁工的一句话打破了两位工程师的思维习惯，开通了他们的创新思路。世界上第一部大楼外安装的电梯就这样诞生了。

事实表明，一个人只要陷入思维定式，他的思维便会自我封闭。要想突破束缚和禁锢，提高自己的思维能力，就必须时刻注意反转你的大脑。

有一家旅馆的经理，对于旅馆内的一些物品经常被住宿的旅客顺手牵羊的事情感到头痛，却一直拿不出很有效的对策来。

他嘱咐属下在客人到柜台结账时，要迅速派人去房内查看是否有什么东西不见了。结果客人都在柜台前等待，直到房务部人员查清楚之后才能结账，不但结账太慢，而且觉得面子挂不住，下一次再也不住这个旅馆了。

旅馆经理觉得这样下去不是办法，于是召集了各部门主管，想想有什么更好的法子，能制止旅客顺手牵羊。

几个主管围坐在一起冥思苦想了一番。一位年轻主管忽然说："既然旅客喜欢，为什么不让他们带走呢？"

旅馆经理一听瞪大了眼睛，这是哪门子的馊主意？

年轻主管急忙挥挥手表示还有下文，他说："既然顾客喜欢，我们就在每件东西上标价。说不定还可以有额外收入呢！"

大家眼睛都亮了起来，兴奋地按计划进行。

有些旅客喜欢顺手牵羊，并非蓄意偷窃，而是因为很喜欢房内的物品，下意识觉得既然付了这么贵的房租，为什么不能取回家做纪念品，而且又没明文规定哪些不能拿，于是，就故意装糊涂拿走一些小东西。

针对这一点，这家旅馆给每样东西都标上了标价，说明客人如果喜欢，可以向柜台登记购买。在这家旅馆之内，忽然多出了好多东西，像墙上的画、手工艺品、有当地特色的小摆饰、漂亮的桌布，甚至柔软的枕头、床罩、椅子等用品都有标价。如此一来，旅馆里里外外都布置得美轮美奂，给客人们的印象好极了。

这家旅馆的生意竟然越来越好了！

反转大脑，要求我们深入考察问题，发现问题的根源所在。就像文中这位年轻的主管，他发现客人"顺手牵羊"并非想占便宜，而是真心喜欢旅馆的装饰品，那么，解决的方法很简单：明码标价，卖给他们就行了。在平时的工作学习中，我们也不要让自己陷入思维的死胡同，要懂得适时反转自己的大脑，运用逆向思维，以使问题获得解决。

试着"倒过来想"

很多时候，你只从一个角度去想事情，很可能让自己的想法进入死胡同，无法寻求到解决问题的有效方法。甚至有些时候，问题非常棘手，从正面或侧面根本没法解决。这个时候，如果你试着倒过来想，没准就会有出乎意料的惊喜！

有这样一个故事：

古时候，一位老农得罪了当地的一个富商，被其陷害关入了大牢。当地有这样一项法律：当一个人被判死刑，还可以有一次抽阄的机会，只有生死两签，要么判处死刑，要么救下一命，改为流放。

陷害老农的富商，怕这个老农运气好，抓了个生签，便决定买通制阄人，要两签均为"死"。老农的女儿探知这一消息，大为震惊，认为父亲必死无疑。但老农一听此事，反倒喜形于色："我有救了。"执行之日，老农果然轻易得活，让家人和陷害者大惊失色。

他用的是什么方法呢？原来，当要抽阄时，老农随便抓一个往口里一丢，说："我认命了，看余下的是什么吧？"结果打开一看，确实是"死"。制阄人自然不敢说自己造了假，于是断定其所抓之阄是"生"。老农死里逃生。

这就是"倒过来想"的魅力！在遇到问题时，多从对立面想一想，既能把坏事变好事，又能发现许多创造的良机。

20世纪60年代中期，全世界都在研究制造晶体管的原料——锗，大家认为最大的问题是如何将锗提炼得更纯。

索尼公司的江崎研究所，也全力投入了一种新型的电子管研究。为了研究出高灵敏度的电子管，人们一直在提高锗的纯度上下功夫。当时，锗的纯度已达到了99.9999999%，要想再提高一步，真是比登天还难。

后来，有一个刚出校门的黑田由子小姐，被分配到江崎研究所工作，担任提高锗纯度的助理研究员。这位小姐比较粗心，在实验中老是出错，免不了受到江崎博士的批评。后来，黑田小姐发牢骚说："看来，我难以胜任这提纯的工作，如果让我往里掺杂质，我一定会干得很好。"

不料，黑田小姐的话突然触动了江崎的思绪，如果反过来会如何呢？于是，他真的让黑田小姐一点一点地向纯锗里掺杂质，看会有什么结果。

　　于是，黑田小姐每天都朝相反的方向做实验，当黑田把杂质增加到 1000 倍的时候（锗的纯度降到了原来的一半），测定仪器上出现了一个大弧度的局限，几乎使她认为是仪器出了故障。黑田小姐马上向江崎报告了这一结果。江崎又重复多次这样的试验，终于发现了一种最理想的晶体。接着，他们又发明出自动电子技术领域的新型元件，使用这种电子晶体技术，电子计算机的体积缩小到原来的 1/4，运行速度提高了十多倍。此项发明一举轰动世界，江崎博士和黑田小姐分别获得了诺贝尔物理学奖和民间诺贝尔奖。

　　倒过来想就是如此神奇，看似难以解决的问题，从它的反面来考虑，立刻迎刃而解了。这种方法不只适用于科学研究，在企业经营中也能催生出一些好的策略。

　　北京某制药企业刚刚生产一种特效药，价钱比较高，企业又没有很多预算做广告和促销，所以销量一直不是很高。有一天，企业在运货过程中无意将一箱药品丢失，面临几万元的损失。面对这样一个突发事件，企业的领导层没有简单地惩罚当事人了事，而是将问题倒过来想，试图从问题的反方向来解决，并迅速形成了一个意在营销的决策：马上在各个媒体上发表声明，告诉公众自己丢失了一箱某种品牌的特效药，价值名贵，疗效显著，但是需要在医生指导下服用，因此企业本着对消费者负责的态度，希望拾到者能将药品送回或妥善处理而不要擅自服用。企业最终并没有找到丢失的药品，但是声明过后，通过媒体、读者茶余饭后的口口相传，消费者对该药品、品牌和企业的认识度与信赖感明显提高。很快，药品的知名度和销量迅速上升，这个创意为企业创造的效益已经远远高于丢失药品导致的损失了。

　　"倒过来想"的方法可以拓展我们的思维广度，为问题的解决提供一个新的视角。我们已经习惯了"正着想问题"的思维模式，偶尔尝试着"倒过来想"，也许你会收到"柳暗花明又一村"的效果。

反转型逆向思维法

反转型逆向思维法是指从已知事物的相反方向进行思考，寻找发明构思的途径。

"事物的相反方向"常常从事物的功能、结构、因果关系等三个方面作反向思维。

火箭首先是以"往上发射"的方式出现的，后来，苏联工程师米海依却运用此方法，终于设计、研究成功了"往下发射"的钻井火箭、穿冰层火箭、穿岩石火箭等，统称为钻地火箭。

科技界把钻地火箭的发明视为引起了一场"穿地手段"的革命。

原来的破冰船起作用的方式都是由上向下压，后来有人运用反转型逆向思维法，研制出了潜水破冰船。这种破冰船将"由上向下压"改为"从下往上顶"，既减少了动力消耗，又提高了破冰效率。

隧道挖掘的传统的方法是：先挖洞，挖过一段距离后，便开始打木桩，用以支撑洞壁，然后再继续往前挖；有了一段距离后，再用木桩支撑洞壁，这样一段一段连接起来，便成了隧道。

这样的挖法，要是碰上坚硬的岩石算是走运，一旦碰上土质疏松的地段，麻烦就大了。有时还会造成塌方而把已经挖好的隧道堵死，甚至会有人员伤亡。

美国有一位工程师解决了这一难题。他对原有的挖掘方法采取了"倒过来想"的思考方式，对挖掘隧道的过程采取颠倒的做法：先按照隧道的形状和大小，挖出一系列的小隧道，然后往这些小隧道内灌注混凝土，使它们围拢成一个大管子，形成隧道的洞壁。

洞壁确定以后，接下来再用打竖井的方法挖洞。实践证明，这种先筑洞壁、后挖洞的新方法，不仅可以避免洞壁倒塌，而且可以从隧道的两头同时挖掘，既省工又省时，效果非常显著，世界上许多国家都采纳了这一方法。

反转型逆向思维法针对事物的内部结构和功能从相反的方向进行

思考，对于事物结构与功能的再造有着突出的作用。它的应用范围很广泛，商业办公中常用的防影印纸便是这种思维方法下的产物。

格德纳是加拿大一家公司的普通职员。一天，他不小心碰翻了一个瓶子，瓶子里装的液体浸湿了桌上一份正待复印的文件。文件非常重要。

格德纳很着急，心想这下可闯祸了，文件上的文字可能看不清了。

他赶紧抓起文件来仔细察看，令他感到奇怪的是，文件上被液体浸染的部分，其字迹依然清晰可见。

当他拿去复印时，又一个意外情况出现了，复印出来的文件，被液体污染后很清晰的那部分，竟变成了一团黑斑，这又使他转喜为忧。

为了消除文件上的黑斑，他绞尽脑汁，但一筹莫展。

突然，他头脑中冒出一个针对"液体"与"黑斑"倒过来想的念头。自从复印机发明以来，人们不是为文件被盗印而大伤脑筋吗？为什么不以这种"液体"为基础，化其不利为有利，而研制一种能防止盗印的特殊液体呢？

格德纳利用这种逆向思维，经过长时间艰苦努力，最终把这种产品研制成功。但他最后推向市场的不是液体，而是一种深红的影印纸，并且销路很好。

从上述案例可知，反转型逆向思维法在发明应用实践中，有的是方向颠倒，有的则是结构倒装，或者功能逆用。运用这种思维方法时，首要的是找准"正"与"反"两个对立统一的思维点，然后再寻找突破点。像大与小、高与低、热与冷、长与短、白与黑、歪与正、好与坏、是与非、古与今、粗与细、多与少等，都可以构成逆向思维。大胆想象，反中求胜，均可收获创意的珍珠。

转换型逆向思维法

转换型逆向思维法是指在研究一问题时，由于解决某一问题的手段受阻，而转换成另一种手段，或转换思考角度，以使问题顺利解决的思维方法。

有这样一则故事：

一位犹太大富豪走进一家银行。

"请问先生，您有什么事情需要我们效劳吗？"贷款部营业员一边小心地询问，一边打量着来人的穿着：名贵的西服、高档的皮鞋、昂贵的手表，还有镶宝石的领带夹……"我想借点钱。""完全可以，您想借多少呢？""1 美元。""只借 1 美元？"贷款部的营业员惊愕地张大了嘴巴。"我只需要 1 美元。可以吗？"贷款部营业员的大脑立刻高速运转起来，这人穿戴如此阔气，为什么只借 1 美元？他是在试探我们的工作质量和服务效率吧？他装出高兴的样子说："当然，只要有担保，无论借多少，我们都可以照办。"

"好吧。"犹太人从豪华的皮包里取出一大堆股票、债券等放在柜台上，"这些作担保可以吗？"

营业员清点了一下："先生，总共 50 万美元，作担保足够了，不过先生，您真的只借 1 美元吗？"

"是的，我只需要 1 美元。有问题吗？"

"好吧，请办理手续，年息为 6%，只要您付 6% 的利息，且在一年后归还贷款，我们就把这些作担保的股票和证券还给您……"

犹太富豪办完手续正要走，一直在一边旁观的银行经理怎么也弄不明白，一个拥有 50 万美元的人，怎么会跑到银行来借 1 美元呢？

他追了上去："先生，对不起，能问您一个问题吗？"

"当然可以。"

"我是这家银行的经理，我实在弄不懂，您拥有 50 万美元的家当，为什么只借 1 美元呢？"

"好吧！我不妨把实情告诉你。我来这里办一件事，随身携带这些票券很不方便，问过几家金库，要租他们的保险箱租金都很昂贵。所以我就到贵行将这些东西以担保的形式寄存了，由你们替我保管，况且利息很低，存一年才不过 6 美分……"

经理如梦方醒，但他也十分钦佩这位先生，他的做法实在太高明了。

这位犹太富豪巧妙地运用了转换型逆向思维法，为了规避昂贵的租金，他转换另一种手段，从反方向思考，将随身财物作为贷款抵押，每年只需付极少的利息，就轻松地解决了问题。

这是一种非同寻常的智慧，需要我们的思路保持灵活，不受传统观念或习惯所拘束。据说，鞋子的产生也源于转换型逆向思维法的运用。

很久以前，还没有发明鞋子，所以人们都赤着脚，即使是冰天雪地也不例外。有一个国家的国王喜欢打猎，他经常出去打猎，但是他进出都骑马，从来不徒步行走。

有一回他在打猎时偶尔走了一段路，可是真倒霉，他的脚让一根刺扎了。他痛得"哇哇"直叫，把身边的侍从大骂了一顿。第二天，他向一个大臣下令：一星期之内，必须把城里大街小巷统统铺上毛皮。如果不能如期完工，就要把大臣绞死。一听到国王的命令，那个大臣十分惊讶。可是国王的命令怎么能不执行呢？他只得全力照办。大臣向自己的下属官吏下达命令，官吏们又向下面的工匠下达命令。很快，往街上铺毛皮的工作就开始了，声势十分浩大。

铺着铺着就出现了问题，所有的毛皮很快就用完了。于是，不得不每天宰杀牲口。一连杀了成千上万的牲口，可是铺好的街还不到百分之一。

离限期只有两天了，急得大臣消瘦了许多。大臣有一个女儿，非常聪明。她对父亲说："这件事由我来办。"

大臣苦笑了几声，没有说话。可是姑娘坚持要帮父亲解决难题。她向父亲讨了两块皮，按照脚的模样做了两只皮口袋。

第二天，姑娘让父亲带她去见国王。来到王宫，姑娘先向国王请安，然后说："大王，您下达的任务，我们都完成了。您把这两只皮口袋穿在脚上，走到哪儿去都行。别说小刺，就是钉子也扎不到您的脚！"

国王把两只皮口袋穿在脚上，然后在地上走了走。他为姑娘的聪明而感到惊奇，穿上这两只皮口袋走路舒服极了。

国王下令把铺在街上的毛皮全部揭起来。很快，揭起来的毛皮堆成了一座山，人们用它们做了成千上万双鞋子，而且想出了许多不同的样式。

许多人遇到问题便为其所困，找不到解决的办法，实际上，如果能换个角度看问题，有时一个看似很困难的问题也可以用巧妙的方法轻松解决。这就需要我们在生活中培养这种多角度看问题的能力。

缺点逆用思维法

缺点逆用思维法是一种利用事物的缺点，将缺点变为可利用的东西，化被动为主动，化不利为有利的思维方法。

美国的"饭桶演唱队"就是运用缺点逆用思维法，"炒作"自己的缺点，从而一举成名的。

"饭桶演唱队"的前身是"三人迪斯科演唱队"，由三名肥胖得出奇的小伙子组成，演唱的题材大多是关于食品、吃喝和胖子等笑料，很受市民欢迎。有一次在欧洲演出，有家旅店的经理见他们个个又肥又胖，穿上又宽又大的演出服，简直与三只大桶一般无二，于是嘲笑他们，建议他们创作一首"饭桶歌"唱唱，说这会相得益彰。经理本是奚落嘲弄，三个胖小伙也着实又恼又怒，但恼怒之后便兴高采烈了。对，肥胖就肥胖，干脆将"三人迪斯科演唱队"改为"三人饭桶演唱队"，而且即兴创作了《饭桶歌》。第一天演唱便赢得了观众如雷的掌声。三人录制的《三个大饭桶》唱片，一上市便是 10 万张，几天即被抢购一空。

从这个故事可以看出来，缺点固然有其不足的一面，但发现缺点、认定缺点、剖析缺点并积极地寻求克服或者利用它的方法往往能创造一个契机，找到一个出发点。俗话说得好，有一弊必有一利，利弊关系的这种统一属性，正是新事物不断产生的理论和实践基础。

法国有一名商人，在航海时发现，海员十分珍惜随船携带的淡水，自然知道了浩渺无垠的辽阔大海尽管气象万千，但大海的水却可望而不可喝。应当说，这是海水的缺点，几乎所有的人都了解这一点。商人却认真地注意起这个大海的缺点来，它咸，它苦，与清甜的山泉相比，简直不能相提并论，难道它当真只能被人们所厌恶？想着想着，他突发奇想，如果将苦咸的海水当作辽阔而深沉的大海奉献给从未见过大海的人们，又会怎样呢？于是他用精巧的器皿盛满海水，作为"大海"出售，而且在说明书中宣称：烹调美味佳肴时，滴几滴海水进去，美食将更添特殊风味。反响是异乎寻常的强烈，家庭主妇们将"大海"买去，尽情观赏之后，让它一点一滴地走上餐桌，她们为此乐不可支。

这种在缺点上做文章、由缺点激发创意的方法越来越广泛地被应用，也取得了较好的结果。在运用此方法时，我们还应注意对缺点保持一种积极而审慎的态度，还可以尝试使事物的缺点更加明显，也许会收到物极必反的效果。

曾有个纺纱厂因设备老化，造成织出的纱线粗细不均，眼看就要产生一批残品，遭受到重大的损失，老板很是头痛。

这时，一位职员提出，不如"将错就错"，将纱线制成衣服，因为纱线有粗有细，衣服的纹路也不同寻常，也许会受到消费者的欢迎。

老板觉得有道理，便听从了职员的建议。果然，这样制成的衣服具有古朴的风格，相当有个性，很受大众的欢迎，推出不久便销售一空。就这样，本会赔本的"残品"却卖出了好价钱，获得了更多的利润。

其实，任何事物都没有绝对的好与坏，从一个角度看是缺点，换一个角度看也许就变成了优点，对这一"缺点"加以合理利用，就可以收到化不利为有利的效果。

反面求证：反推因果创造

某些事物是互为因果的，从这一方面，可以探究到另一与其对立的方面。

据说爱因斯坦设计过一个智力测验的题目：

有一个商人，想要雇用一名得力的助手，他想到了一个测试方法，由前来应聘的两位应聘者之中，选择一位最聪明的人作为助手。

他让 A 和 B 同时进入一间没有窗户，而且除了地上的一个盒子外，空无一物的房间内。商人指着盒子对两个人说："这里有五顶帽子，有两顶是红色的，三顶是黑色的，现在我把电灯关上，我们三个人从盒子里每人摸出一顶帽子戴在头上，戴好帽子打开灯后，你们要迅速地说出自己所戴帽子的颜色。"

灯关了后，两人都看到商人的头上是一顶红帽子，又对望了一会儿，都迟疑地不敢说出自己头上的帽子是什么颜色。

忽然，B 叫一声："我戴的是黑帽子！"

为什么呢？

商人的头上是顶红帽子，那么就还剩下一顶红帽子和三顶黑帽子。B 见 A 迟疑着无法立刻说出答案，所以就认定了自己头上是顶黑帽子。因为如果 B 头上是顶红帽子，那么 A 就会马上说他头上戴的是黑帽子，怎么会迟疑呢？

B 假定自己头上戴的是红帽子，但是发现对方在迟疑，于是得到了答案。

这个推理就是由结果向前推的逆向思维，这种方法在发明创造方面也发挥着重要的作用。

1877 年 8 月的一天，美国大发明家爱迪生为了调试电话的送话器，在用一根短针检验传话膜的振动情况时，意外地发现了一个奇特的现象：手里的针一接触到传话膜，随着电话所传来声音的强弱变化，传话膜产生了一种有规律的颤动。这个奇特的现象引起了他的思考，他想：如果倒过来，使针发生同样的颤动，不就可以将声音复原出来，不也就可以把人的声音贮存起来吗？

循着这样的思路，爱迪生着手试验。经过四天四夜的苦战，他完成了留声机的设计。爱迪生将设计好的图纸交给机械师克鲁西后不久，一台结构简单的留声机便制造出来了。爱迪生还拿它去当众做过演示，他一边用手摇动铁柄，一边对着话筒唱道："玛丽有一只小羊，它的绒毛白如霜……"然后，爱迪生停下来，让一个人用耳朵对着受话器，他又把针头放回原来的位置，再摇动手柄，这时，刚才的歌声又在这个人的耳边响了起来。

留声机的发明，使人们惊叹不已。报刊纷纷发表文章，称赞这是继贝尔发明电话之后的又一伟大创造，是19世纪的又一个奇迹。

爱迪生的成功，就在于他有了这样一种互为因果的思路：声音的强弱变化使传话膜产生了一种有规律的颤动，如果倒过来，使针发生同样的颤动，就可以将声音复原出来，因而也就可以把声音贮存起来！

这实际上是一种互为因果的反面求证法。当我们遇到同样情况的时候，就可以尝试从反面来推其因果，说不定也会有类似的创造成果产生。

如果找不到解决办法，那就改变问题

一件事情如果找不到解决的办法怎么办？一般的人也许会告诉你："那只能放弃了。"但善于运用逆向思维的杰出人士却会这样说："找不到办法，那就改变问题！"

在19世纪30年代的欧洲大陆，一种方便、价廉的圆珠笔在书记员、银行职员甚至是富商中流行起来。制笔工厂开始大量生产圆珠笔。但不久却发现圆珠笔市场严重萎缩，原因是圆珠笔前端的钢珠在长时间的书写后，因摩擦而变小，继而脱落，导致笔芯内的油泄漏出来，弄得满纸油渍，给书写工作带来了极大的不便。人们开始厌烦圆珠笔，不再用它了。

一些科学家和工厂的设计师们为了改变"笔筒漏油"这种状况，做了大量的实验。他们都从圆珠笔的珠子入手，实验了上千种不同的材料来做笔前端的"圆珠"，以求找到寿命最长的"圆珠"，最后找到了钻石这种材料。钻石确实很坚硬，不会漏油，但是钻石价格太贵，而且当油墨用完时，这些空笔芯怎么办？

为此，解决圆珠笔笔芯漏油的问题一度搁浅。后来，一个叫马塞尔·比希的人却很好地将圆珠笔做了改进，解决了漏油的问题。他的成功是得益于一个想法：既然不能延长"圆珠"的寿命，那为什么不主动控制油墨的总量呢？于是，他所做的工作只是在实验中找到一颗"钢珠"在书写中的"最大用油量"，然后每支笔芯所装的"油"都不超过这个"最大用油量"。经过反复的试验，他发现圆珠笔在写到两万个字左右时开始漏油，于是就把油的总量控制在能写一万五六千个字。超出这个范围，笔芯内就没有油了，也就不会漏油了，结果解决了这个大难题。这样，方便、价廉又"卫生"的圆珠笔又成了人们最喜爱的书写工具之一。

马塞尔·比希发现解决足够结实又廉价的"圆珠"这个问题比较困难，便将问题转换为控制"最大用油量"，运用逆向思维使原本棘手的问题得到了巧妙的规避，并且不需要耗费多大的精力和财力。

某楼房自出租后，房主不断地接到房客的投诉。房客说，电梯上下速度太慢，等待时间太长，要求房主迅速更换电梯，否则他们将搬走。

已经装修一新的楼房，如果再更换电梯，成本显然太高；如果不换，万一房子租不出去，更是损失惨重。房主想出了一个好办法。

几天后，房主并没有更换电梯，可有关电梯的投诉再也没有接到过，剩下的空房子也很快租出去了。

为什么呢？原来，房主在每一层的电梯间外的墙上都安装了很大的穿衣镜，大家的注意力都集中到自己的仪表上，自然感觉不出电梯的上下速度是快还是慢了。

更换电梯显然不是最佳的解决方案，但问题该怎么解决呢？房主也运用逆向思维改变了问题，将视角从"换不换电梯"这一问题转换到了"该如何让房客不再觉得电梯慢"，问题变了，方案也就产生了，转移大家的注意力就可以了。

无论你做了多少研究和准备，有时事情就是不能如你所愿。如果尽了一切努力，还是找不到一种有效的解决办法，那就试着改变这个问题。

彼得·蒂尔在离开华尔街重返硅谷的时候学到了这一课。

当时，互联网正飞速发展，无线行业也即将蓬勃发展，于是，彼得与马克斯·莱夫钦一起创办了一家叫 FieldLink 的新公司。

这两位创业者相信，无线设备加密技术会是一个成长型市场。但是，他们老早就碰到了问题，最大的障碍是无线运营商的抵制。尽管运营商知道移动设备加密的必要性，但是 FieldLink 是一个名不见经传的新企业，没有定价权，也没有讨价还价的砝码，而且还有许多其他公司试图做这一行，所以 FieldLink 对运营商的需要超过了运营商对它的需要。

另一个问题是可用性。早期的无线浏览器很难使用，彼得和马克斯在这上面无法找到他们认为顾客需要的那种功能。这些挫折将他们引入了一个新的方向。他们不再试图在他们无法控制的两件事，即困难的无线界面和无线运营商的集权上抗争，转而致力于一个更简单的领域——通过 E-mail 进行支付。

当时，美国有 1.4 亿人有 E-mail，但是只有 200 万人有能联网的无线设备。除了提供更大的潜在市场外，E-mail 方案还消除了与大公司合作的必要性。同样重要的是，E-mail 使他们能够以一种直观而容易的形式呈现他们的支付方案，而用无线设备上的小屏幕无法做到这一点。

他们将公司的名字改成 PayPal，推出了一项基于 E-mail 的支付服务。为了启动这项服务，彼得决定，只要顾客签约使用 PayPal，就给顾客 10 美元的报酬；每推荐一个朋友参加，再给他 10 美元。"当时这样做看起来简直是疯了，但这是拥有顾客的一个便宜法子。"他解释说，"而且我们拥有的这类顾客其实价值更大，因为他们在频繁使用这个系统。这要比通过广告宣传得到 100 万随机顾客要好"。

PayPal 迅速取得了成功。在头 6 个月里，有 100 多万人签约使用这项新的支付服务。由于容易使用，界面友好，PayPal 迅速成为 eBay 上的支付系统，急剧发展起来。一年后当他们决定关掉无线业务的时候，有 400 万顾客在使用 PayPal，而只有 1 万顾客在使用其无线产品。尽管 eBay 内部有一个名为 Billpoint 的支付服务，但是 PayPal 仍然是在线支付领域无可争议的领袖。PayPal 后来上市了，eBay 最终以 15 亿美元买下了 PayPal。如果彼得和马克斯坚持他们最初的计划，故事的结局就会截然不同了。

为问题寻找到合适的解决办法是通常所用的正向思维思考方式，但是，当难以找到解决途径时，实际上，也许最好的解决办法就是将问题改变，改变成我们能够驾驭的、善于解决的，这也是逆向思维的巧妙运用。

人生的倒后推理

每个人在儿时都会种下美好的梦想的种子，然而有的梦想能够生根、发芽、开花、结果，而有的梦想却真的成了儿时的一个梦，一个永远也实现不了的梦。

为什么会有这样的区别呢？我们抛却成功的其他因素，会发现，有没有一个合理的计划是决定成败的一个关键因素。

也许有人会说，梦想是遥远的，我又怎能知道自己具体要做什么来能达到目标呢？那么，不妨常常使用逆向思维，将你的目标倒挂，对理想进行倒向推理。

曾经创下台湾空前的震撼与模仿热潮的歌手李恕权，是唯一获得格莱美音乐大奖提名的华裔流行歌手，同时也是"Billboard 杂志排行榜"上的第一位亚洲歌手。他在《挑战你的信仰》一书中，详细讲述了自己成功历程中的一个关键情节。

1976 年的冬天，19 岁的李恕权在休斯敦太空总署的实验室里工作，同时也在休斯敦大学主修电脑。纵然学校、睡眠与工作几乎占据了他大部分时间，但只要稍微有多余的时间，他总是会把所有的精力放在音乐创作上。

一位名叫凡内芮的朋友在他事业起步时给了他最大的鼓励。凡内芮在得州的诗词比赛中不知得过多少奖牌。她的写作总是让他爱不释手，他们合写了许多很好的作品。

一个星期六的早上，凡内芮又热情地邀请李恕权到她家的牧场烤肉。凡内芮知道李对音乐的执着。然而，面对那遥远的音乐界及整个美国陌生的唱片市场，他们一点门路都没有。他们两个人坐在牧场的草地上，不知道下一步该如何走。突然间，她冒出了一句话：

"想想你 5 年后在做什么。"

她转过身来说："嘿！告诉我，你心目中'最希望'5 年后的你在做什么，你那个时候的生活是一个什么样子？"他还来不及回答，她又抢着说："别急，你先仔细想想，完全想好，确定后再说出来。"李恕权沉思了几分钟，告诉她说："第一，5 年后，我希望能有一张唱片在市场上，而这张唱片很受欢迎，可以得到许多人的肯定。第二，我住在一个有很多很多音乐的地方,能天天与一些世界一流的乐师一起工作。"凡内芮说："你确定了吗？"他十分坚定地回答，而且是拉了一个很长的"Yes——"！

凡内芮接着说："好，既然你确定了，我们就从这个目标倒算回来。如果第五年，你有一张唱片在市场上，那么你的第四年一定是要跟一家唱片公司签上合约。那么你的第三年一定是要有一个完整的作品，可以拿给很多很多的唱片公司听，对不对？那么你的第二年，一定要有很棒的作品开始录音了。那么你的第一年，就一定要把你所有要准备录音的作品全部编曲，排练就位准备好。那么你的第六个月，就是要把那些没有完成的作品修饰好，然后让你自己可以逐一筛选。那么你的第一个月就是要有几首曲子完工。那么你的第一个礼拜就是要先列出一整个清单，排出哪些曲子需要完工。"

最后，凡内芮笑着说："好了，我们现在不就已经知道你下个星期一要做什么了吗？"

她补充说："哦，对了。你还说你 5 年后，要生活在一个有很多音乐的地方，然后与许多一流的乐师一起工作，对吗？如果你的第五年已经在与这些人一起工作，那么你的第四年照道理应该有你自己的一个工作室或录音室。那么你的第三年，可能是先跟这个圈子里的人在一起工作。那么你的第二年，应该不是住在得州，而是已经住在纽约或是洛杉矶了。"

1977 年，李恕权辞掉了太空总署的工作，离开了休斯敦，搬到洛杉矶。说来也奇怪,虽然不是恰好 5 年,但大约可说是第六年的 1982 年,他的唱片在台湾及亚洲地区开始畅销起来，他一天 24 小时几乎全都忙着与一些顶尖的音乐高手一起工作。他的第一张唱片专辑《回》首次在台湾由宝丽金和滚石联合发行，并且连续两年蝉联排行榜第一名。

这就是一个 5 年期限的倒后推理过程。实际上还可以延长或缩短时间跨度，但思路是一样的。

当你在为手头的工作而焦头烂额的时候，一定要停下手来，静静地问一下自己：5 年后你最希望得到什么？哪些工作能够帮助你达到目标？你现在所做的工作有助于你达到这个目标吗？如果不能，你为什么要做？如果能，你又应该怎样安排？想想为达到这个目标你在第四年、第三年、第二年应做到何种程度？那么，你今年要取得什么成绩？最近半年应该怎样安排？一直推算到这个月、这个星期你应该做什么。当你的目标足够明确，按照倒后推理设置出的计划行事，相信你距离实现梦想已不再遥远。

反向推销法

著名的推销专家、犹太人维克多曾出席一个推销培训会。在会上，一位名叫比尔的学员突然问他："维克多博士，你被人们誉为全球最好的推销员，那么，现在，我想让你向我推销一些东西。"

"你希望我向你推销什么呢？"维克多微笑着问。

比尔大吃一惊，有些人在听到上述的话后，可能会不停地说一大堆，比如，开始说一些推销的行话，而维克多却紧接着就开始提问而非对自己的问题进行解释。

"哦，就给我推销这个桌子吧。"比尔想了一会儿回答说。

话音刚落，维克多又提出了另一个看起来似乎很天真的问题："你为什么要买它呢？"

比尔再一次感到吃惊，他看着桌子回答说："这张桌子看上去很新，外形也美观，而且色彩也很鲜艳。除此之外，最近，我们刚刚搬到这个新摄影棚，暂时还不想处理掉。"

维克多对此不做说明，却让比尔自己说出购买的原因及为什么看中这个桌子。

"比尔，你愿意花多少钱买下这个桌子呢？"维克多接着说。

比尔听后似乎显得有点迷惑不解，他说："最近我还没有买过桌子，但是，这个桌子这么漂亮，体积又这么大，我想我会花 18 美元或 20 美元买下来。"

维克多听到这句话后，马上接过话题说："那么，比尔，我就以 18 美元的价格把这个桌子卖给你。"这样，交易就结束了。

不愧是推销专家，他巧妙地将向顾客正面推销产品的过程逆转成了顾客主动赞美产品、主动询问的过程。这其中，他成功地运用了反向推销法，这正是逆向思维在商业领域的有效运用。

在经营中，大部分商家都讲究薄利多销，以降低价格来吸引顾客，但一味降低价格会使自己的产品混入"便宜货"的大军中，凸显不出特色，这时，不妨运用逆向思维，来勾起消费者的购买兴趣。

美国纽约的第 42 大街上，有个生产经营服装的犹太商人鲁尔开设的经销店，门面不大，生意不是很好。鲁尔专门聘请的高级设计师精心设计的世界最新流行款式的牛仔服首次上市销售。他对这一产品倾注了很大的心血，希望就此改变自己经营不景气的状况。为此，他投入了 6 万美元的资金，首批生产了 1000 件，成本为每件 56 美元。为了尽快把市场打开，他采取了低额定价策略，把每件定为 80 美元，这样的价格在服装产品中算是比较低的了。鲁尔心想，凭着低廉的价格和新颖的款式，今天一定会开门大吉，小赚一笔。

鲁尔亲临阵前指挥，大张旗鼓地叫卖了半个月，购买者还是没有多少。鲁尔非常着急，他把心一横，每件下降 10 美元销售，又高声叫卖了半个月，购买者还是没有增多。鲁尔认为价格还是不够低，于是又降低了 10 美元的价格，这可接近于跳楼价了，但销售状况还是不见好。干脆大甩卖吧，工本费也不要了，每件 50 美元，实行赔本清仓，可除了吸引了不少看客外，连原来还有几个顾客的情形也更加不如了，购买者"落花流水春去也"，不再光顾。

鲁尔一直在冥思苦想该用什么样的方法使自己的产品能够畅销，最后，他决定不再降价和叫卖了，而是让人在店前挂出"本店销售世界最新款式牛仔服，每件 400 美元"的广告牌。广告牌一挂出，立刻吸引了不少的购买者，他们陆陆续续来到店里，兴致盎然地挑选起来。工夫不大，就卖出了七八件，并且随后的销售状况也越来越好，生意非常兴隆。一个月过去了，鲁尔的 1000 件牛仔服已经全部销售一空。差点血本全无的鲁尔，利用逆向思维转瞬之间发了横财，使他不亦乐乎。

鲁尔的世界最新款式的牛仔服，销售的对象主要是那些喜欢赶时髦的年轻人。他们的购买心理是讲究商品的高质量、高档次和时髦新颖，对服装的需求不限于新潮，而且讲求派头，使自己的虚荣心和爱美之心达到最大限度的满足。虽然鲁尔的牛仔服款式新颖，但因为开始定价太低，顾客便误以为价格低的产品就是次品，穿到身上有失体面；当后来价格抬高 10 倍时，他们便以为价高而货真，因而踊跃购买。

由此可见，在经商中不仅要正面迎合消费者的需求，适当的时候，也可以尝试着从反向刺激消费者的购买欲望，这也是种不错的经营策略。

第六章

系统思维

——人类所掌握的最高级思维模式

由要素到整体的系统思维

系统思维也叫整体思维，是人们用系统眼光从结构与功能的角度重新审视多样化的世界。

系统是由相互作用、相互联系的若干组成部分结合而成的，它是具有特定功能的有机整体。系统思维的核心就是利用前人已有的创造成果进行综合，这种综合，如果出现了前所未有的新奇效果，当然就成了更新的创造。从某种意义上说，发明创造就是一门综合艺术。

整体思维是创造发明的基础，它大量存在于我们的生活之中，有材料组合、方法组合、功能组合、单元组合等多种形式。徐悲鸿大师的名作《奔马》，运笔狂放、栩栩如生，既有中国水墨画的写意传统，又有西洋油画的透视精髓，它是中国画和油画技法的组合。我们买来的一件件成衣，是衣料、线、扣子等的组合。钢筋混凝土是钢筋和水泥的组合体。集团公司的产生、股份制的形成、连锁店的出现，都是综合的结晶。

系统思维是"看见整体"的一项修炼，它是一种思维框架，能让我们看到相互关联的非单一的事情，看见渐渐变化的形态而非瞬间即逝的一幕。这种思维方法可以使我们敏锐地预见到事物整体的微妙变化，从而对这种变化制定出相应的对策。

美国人民航空公司在营运状况仍然良好的时候，麻省理工学院系统动力学教授约翰·史德门就预言其必然倒闭，果然不出其所料，两年后这家公司就倒闭了。史德门教授并没有很多精确的数据，他只是运用了系统思考法对人民航空公司的"内部结构"进行了观察，发现这个公司组织内部一些因果关系还未"搭配"好，而公司的发展又太快了，当系统运作得越有效率，环扣得越紧，就越容易出问题，走错一步，满盘皆输。史德门之所以能够看出问题的本质，是因为他运用了整体动态思考方法，透过现象看到了问题的本质。

系统思维法是一种将各要素之间点对点的关系整合成系统关系的方法，在一般人的眼中，也许甲和乙是没有关系的独立个体，但是，以系统思维法去考察，却能够发现，这两者是息息相关的有机整体，那么，处理问题时就要将甲和乙全部纳入考虑范畴了，就像下面的这个故事一样：

一次，"酒店大王"希尔顿在盖一座酒店时，突然出现资金困难，工程无法继续下去。在没有任何办法的情况下，他突然心生一计，找到那位卖地皮给自己的商人，告知自己没钱盖房子了。地产商漫不经心地说："那就停工吧，等有钱时再盖。"

希尔顿回答："这我知道。但是，假如一直拖延着不盖，恐怕受损失的不止我一个，说不定你的损失比我的还大。"

地产商十分不解。希尔顿接着说："你知道，自从我买你的地皮盖房子以来，周围的地价已经涨了不少。如果我的房子停工不建，你的这些地皮的价格就会大受影响。如果有人宣传一下，说我这房子不往下盖，是因为地方不好，准备另迁新址，恐怕你的地皮更是卖不上价了。"

"那你想怎么办？"

"很简单，你将房子盖好再卖给我。我当然要给你钱，但不是现在给你，而是从营业后的利润中，分期返还。"

虽然地产商极不情愿，但仔细考虑，觉得他说得也在理，何况，他对希尔顿的经营才能还是很佩服的，相信他早晚会还这笔钱，便答应了他的要求。

在很多人眼里，这本来是一件完全不可能做到的事，自己买地皮建房，但是出钱建房的，却不是自己，而是卖地皮给自己的地产商，而且"买"的时候还不给钱，而是用以后的营业利润还。但是希尔顿做到了。

为何希尔顿能够创造这种常人不可思议的奇迹呢？

就在于他妙用了一种智慧——系统智慧。其中最根本的一条，是他把握了自己与对方不只是一种简单的地皮买卖关系，更是一个系统关系——他们处于一损俱损、一荣俱荣的利益共同系统中。

从上面的例子我们也可以看出：在系统思维中，整体与要素的关系是辩证统一的。整体离不开要素，但要素只有在整体中才成其为要素。从其性能、地位和作用看，整体起着主导、统帅的作用。因此，我们观察和处理问题时，必须着眼于事物的整体，把整体的功能和效益作为我们认识和解决问题的出发点和归宿。

学会从整体上去把握事物

要运用好系统思维，就要学会从全局整体把握事物及其进展情况，重视部分与整体的联系，才能很好地从整体上把握事物。

第二次世界大战期间，在伦敦英美后勤司令部的墙上，醒目地写着一首古老的歌谣：

因为一枚铁钉，毁了一只马掌；

因为一只马掌，损了一匹战马；

因为一匹战马，失去一位骑手；

因为一位骑手，输了一次战斗；

因为一次战斗，丢掉一场战役；

因为一场战役，亡了一个帝国。

这一切，全都是因为一枚马蹄铁钉引起的。

这首歌谣质朴而形象地说明了整体的重要性，精确地点出了要素与系统、部分与整体的关系。

世界上任何事物都可以看成是一个系统，系统是普遍存在的。大至渺茫的宇宙，小至微观的原子，一粒种子、一群蜜蜂、一台机器、一个工厂、一个学会团体……都是系统，整个世界就是系统的集合。

系统论的基本思想方法告诉我们，当我们面对一个问题时，必须将问题当作一个系统，从整体出发看待问题，分析系统的内部关联，研究系统、要素、环境三者的相互关系和变动的规律性。

有一年，稻田里一片金黄，稻浪随风起伏，一派丰收景象。令人奇怪的是，就在这片稻浪中，有一块地的水稻稀稀落落，黄矮瘦小，与大片齐刷刷的稻田成了鲜明的对照。

这是怎么回事呢？原来田地的主人急用钱，于是在这块面积为 2.5 亩的田地上挖去一尺深的表土，卖给了砖瓦厂，得了 1 万元。由于表面熟土被挖，有机质含量锐减，这年春天的麦苗长得像锈钉，夏熟麦子收成每亩还不到 150 斤。水稻栽上后，尽管下足了基肥，施足了化肥，可是水稻长势仍不见好。

有人给他算了一笔账，夏熟麦子少收 1000 多斤，损失 400 元，而秋熟大减产已成定局，损失更大。今后即使加倍施用有机肥，要想这块地恢复元气，至少需要 5 年时间，经济损失至少在 2 万元以上。这么一算，这块农田的主人叫苦不迭，后悔地说："早知道这样，当初真不应该赚这块良田的黑心钱。"

这位农地主人原本只是用土换钱，并没有看到表土与庄稼之间的关系，本以为是将无用的东西换成金钱，结果却让他失去更多，需要花费更多的钱来弥补自己的损失。这就是缺乏系统眼光和系统思维的结果。

与之相对比，"红崖天书"的破译却是得益于从整体上去把握事物。

所谓"红崖天书"是位于贵州省安顺地区一处崖壁上的古代碑文；

在长 10 米、高 6 米的岩石上，有一片用铁红色颜料书写的奇怪文字。字体大小不一，大者如人，小者如斗，非凿非刻，似篆非篆，神秘莫测。因此，当地的老百姓称之为"红崖天书"。近百年来，"红崖天书"引起了众多中外学者的研究兴趣，甚至有人推测这是外星人的杰作。据说，郭沫若等著名的学者也曾经尝试破译。但是一直没有定论。

直到上海江南造船集团的高级工程师林国恩发布了对"红崖天书"的全新诠释，学术界才一致认为，这一"千古之谜"终于揭开了它的神秘面纱。

那么，非科班出身的林国恩是如何破译这个"千古之谜"的呢？林国恩于 1990 年了解"红崖天书"以后，对它产生了浓厚的兴趣，从此把他的全部业余时间放到了破译工作上。他祖传三代中医，自幼即背诵古文，熟读四书五经。他于 1965 年考入上海交通大学学习造船专业，但是他业余时间钻研文史，学习绘画。由于他是造船工程师，系统学习对他有很深的影响，使他掌握了综合看待问题的方法，这为他破译"红崖天书"打下了坚实的基础。

在长达 9 年的研究中，他综合考察了各个因素，查阅了 7 部字典，把"红崖天书"中 50 多个字，从古到今的演变过程查得清清楚楚。在此基础上，他做了数万字的笔记，写下了几十万字的心得，还三次去贵州实地考察，为破译"红崖天书"积累了丰富的资料。

经过系统综合的考证，林国恩确认了清代瞿鸿锡摹本为真迹摹本；文字为汉字系统；全书应自右向左直排阅读；全书图文并茂，一字一图，局部如此，整体亦如此。从内容分析，"红崖天书"成书约在 1406 年，是明朝初年建文皇帝所颁发的一道讨伐燕王朱棣篡位的"伐燕诏檄"。全文直译为：燕反之心，迫朕逊国。叛逆残忍，金川门破。杀戮尸横，罄竹难书，大明日月无光，成囚杀之地。需降服燕魔，作阶下囚。

我们可以设想，如果不能将这些文字与其历史背景、文字结构、图像寓意结合起来，不能将它们作为一个整体去考察、去把握，恐怕"红崖天书"到现在也只是一个谜。

由此，我们可知：问题的内部不仅存在关联，与外部环境也同样产生作用。我们必须将其分开进行观察，然后再将其按照系统的模式来进行分析。

当你学会了系统思维，能够以一个整体的眼光去看问题的时候，相信你就可以更容易地把握和处理问题了。

对要素进行优化组合

系统思维法，就像将所面对的事物或问题作为一个整体加以分析，并且在系统运作过程中，要对要素进行优化组合，让适当的要素在最佳位置上发挥出最佳的作用，往往可以产生 $1+1 > 2$ 的效果。

我国古代著名的"田忌赛马"的故事就是一个典型的例子。

孙膑是战国时期的著名军事家。齐国大臣田忌喜欢和公子王孙们打赌赛马，但总是输。于是，孙膑对田忌说："您只管下重注，我保您一定能赢。"

赛马时，孙膑让田忌用自己的上等马跟别人的中等马比赛，用中等马与别人的下等马比赛，再用下等马对付别人的上等马。结果三场比赛，田忌胜了两场。

孙膑之所以能让田忌稳操胜券，在于他将整个赛马活动当成了一个系统来处理，而且他善于将系统要素进行优化组合。虽然以下等马和别人的上等马比，非输不可，但是另外的两场比赛，却是每场都赢。正是因为孙膑善于将系统要素进行优化组合，才能达到"反败为胜"的结局。

系统要素进行优化组合在生活的各个方面均有体现。如在农业中，农作物配合栽培方法即是其一。一块田地，什么时间应该种什么作物，玉米、大豆、棉花等不同的作物应该怎样搭配才能获得高产量？这就需要用系统思维来解决。

企业中的人对企业来说，是关乎企业成败的要素，人的分配问题也值得每一个企业深思。如果企业人员工作分配合理、人尽其才，将每个人发挥出的能量加合在一起，将会推动企业迅速地向前发展；但如果人员没有做到优化组合，不能让正确的人去做正确的事，那时，有能力的人因"英雄无用武之地"而离去，身居高位的无能者都不能够积极进取，最终，企业很有可能败落。

在系统思维中，各要素并不是割裂的独立个体，而是相互链接的一个整体，这些要素可以在最佳的协调机制下处于最理想的工作状态。

贝特茜和鲍里斯需要做三件家务：(1)用吸尘器打扫地板。他们只有一个吸尘器。这项活计需要30分钟。(2)用割草机修整草坪。他们只有一架割草机。这项活计也需要30分钟。(3)给婴儿喂食和洗澡。这项活计也需要30分钟。

贝特茜和鲍里斯如何合作，才能尽快做完家务？

如果不将各要素作为一个整体来进行优化组合的话，无论由谁单独完成两项任务，需要的时间都是60分钟。

然而，如果从系统优化组合的角度来思考，似乎还有更大的协同空间，诀窍是让贝特茜和鲍里斯两人在整个过程中都一直在工作，只要运用整体性思维对全过程进行优化组合，就会找出这一似乎不存在的空间：让贝特茜先用吸尘器完成一般的地板清扫任务(1分钟)，并让她自己单独完成照顾婴儿的任务(30分钟)。同时，鲍里斯开始用割草机修整草坪(30分钟)，接着来清扫地板(15分钟)——总时间为45分钟。

总之，系统思维要求人们用系统眼光从结构与功能的角度重新审视多样化的世界，把被形而上学分割了的世界重新整合，将单个元素和切片放在系统中实现"新的综合"，以实现"整体大于部分的简单总和"的效应。

学会将材料进行综合

系统思维从某种程度上讲是一种将材料进行综合的方法，要掌握系统思维法，就要学会如何综合材料，以达到创造的目的。

综合就是将已有的分析成果按其固有的内在联系有机结合起来，从总体上更全面、更深刻地把握研究对象的本质和规律，创立更全面、更普遍的科学理论。在自然科学发展的过程中，万有引力定律、能量守恒与转化定律以及麦克斯韦电磁理论的创立，都离不开这种综合能力。科学技术的发展由分析而进入到综合，并在综合成果的指导下进行更深入的分析，再步入更广泛的综合。

最常见的材料综合就是对信息材料的综合。将各种信息汇集到一起，也许会产生出人意料的结果。

20世纪30年代，正当希特勒扩充军队，加紧准备发动第二次世界大战的关键时刻，英籍作家雅格布写的一本书出版了。在书中他详尽地介绍了希特勒军队各军区的情况。希特勒知道以后，暴跳如雷，立即命令将雅格布绑架到柏林。在审问中，雅格布说他的全部材料都是从德国公开的报纸上得来的。雅格布的回答使在场的德国人目瞪口呆，面面相觑。

雅格布究竟是怎样从报纸上得到了希特勒极其重要的军事秘密的呢？原来，他长期注意从德国报刊上搜集关于希特勒军事情况的报道，就连丧葬讣告和结婚启事之类的材料也不放过。日积月累，他把搜集的大量德军情报，做成卡片，然后，精心分析，认真综合，做出判断，终于描绘出一幅德军组织状况的图画。而这幅图画竟然与真实情况基本相符，对此，德军头目怎能不惊恐万分。

雅格布的这一工作就是把一些互不相关的材料综合在一起，创造出了新的东西——德军军事设置图。而他之所以能做到这点，就在于他处处做个有心人，处处留心德军军事情况的结果。所以，要进行综合，就应注意做有心人，这样才能收集到有关的综合材料。

有时，我们还可以利用两种完全不相干的材料，将它们综合在一起后，便可以产生令人耳目一新的创意。例如：有氧运动加上舞蹈，就成了有氧舞蹈；游泳加上芭蕾舞，就成了水上芭蕾。下面这个故事的主人公就是利用不同材料的综合，大做了一把广告。

纽约有位年轻人摩斯，在纽约市的一个热闹地区租了一家店铺，满怀希望地择了个吉日开始做起保险柜的买卖。然而生意惨淡，每天虽有成千上万的人从他店前来来去去，店里形形色色的保险柜虽然排得整整齐齐，但是却很少有人光顾。

看着店前川流不息的人群，摩斯思来想去，终于想出一个突破困境的办法。

第二天，他匆匆忙忙前往警察局借来正在被通缉中的重大罪犯的照片，并把照片放大好几倍，然后把它们贴在店铺的玻璃上，照片下面附上一张说明。

照片贴出来后，来来去去的行人都被照片吸引住了，纷纷驻足观看。人们看到了逃犯的照片，产生一种恐惧心理，本来不想买保险柜的人，此时也想买一台。因此他的生意立即有了很大的改观，门可罗雀的店铺突然变得门庭若市。就这样不费吹灰之力，保险柜头一个月卖出48台，第二个月卖出72台，以后每月都卖出七八十台。

不仅如此，因为他贴出了逃犯的照片，使警察顺利地缉拿到了案犯，因此，摩斯还荣幸地领到了警察局的表彰奖状，报纸也作了大量的报道。他也毫不客气地把表彰奖状连同报纸一并贴在店铺的玻璃窗上，由此锦上添花，他的生意更加红火。

我们学习系统思维的同时也是在培养一种能力，培养对材料的辨认能力和有效材料的综合能力。在观察事物时，就要有一种整体的视角，找出各要素的关联点，并将其进行整合。

方法综合：以人之长补己之短

1764年哈格里夫斯发明的珍妮纺纱机，由1个纺锤改为80个纺锤，大大提高了纺纱的效率。纺出来的纱虽然均匀，但不结实。1768年阿克顿特发明了水力纺纱机，效率提高了，纺出来的线也结实了，但纺出来的线很不均匀。1779年青年工人克隆普敦把哈格里夫斯和阿克顿特两个纺车的技术长处，加以综合，设计出一个纺线既结实又均匀的纺纱机，有三四百支纱锭，效率也提高了。为了纪念两种纺车的结合，就起名为杂种骡子的名称，叫骡机。马克思对此评价很高："现代工业中一个最重大的发明——自动骡机。"推动了英国的纺织技术革命。

像这样各自去掉自己的短处，吸取别人的长处的思维方式，就是系统思维法中的方法综合。

日本广岛的家畜繁殖名誉教授渡边守之和中国台湾的学者一起成功地培育出比普通鸭重两倍而肉味鲜美的新型大鸭种。他们是怎样培育的呢？它们是北京鸭和南美的麝香鸭交配而成的。

他们分析北京鸭的特点是：体重轻、肉味鲜美。

麝香鸭的特点是：体重重，有四五公斤，但有一种怪味。

特点分析出来以后，就取长补短，经过多次试验，终于培育出一种新型骡鸭：体格健壮、生长迅速、肉味鲜美，公、母鸭体重均在4公斤左右，却没有繁殖力的鸭子。

以上说明，只有将两种或多种事物的要素进行系统、深入地分析，找到各自的优点和缺点，才能做到方法综合。

爱迪生发明的电影窥视箱是一种只能让一个人观看的活动电影箱，但其影像的大小和位置一致。法国路易斯·卢米埃尔发明的电影放映机能让许多人同时观看，但影像的大小和位置不一致。后来，爱迪生看到卢米埃尔的电影放映机的长处，就把个人观看的窥箱机改为大众观看的放映机。反之，卢米埃尔也吸取了爱迪生窥视箱胶片的特点，采用爱迪生每秒16张画的放映频率，35毫米宽的胶片，在胶片两边每格画幅打四个矩形齿孔，使胶片能在齿轮带动下均匀地通过机器，映出大小和位置一致的影像，这比卢米埃尔原来的画格两边只有一对圆形片孔的间歇式抓片机构要稳定得多。由于他们相互取长补短，使现代化电影工艺趋向统一，无声电影便诞生了。

综合方法要求我们在观察事物时不能孤立地看待一个个体，见"木"更要见"林"，努力从其他事物中寻找该事物不具备的优点，积极地将两者进行整合，扬长避短，从而达到最终的创造作用。

确定计划后再付诸行动

制订计划是系统思维的一种体现，如果没有对事情全局上的一种把握与规划，那么你的结局大半会是失败。

如果你不再是拥有整整二十几年的时间，而是只有二十几次机会了，那你打算如何利用剩下的这二十几次机会，让它们变得更有价值呢？

你是去听音乐会，或是和家人坐在一起，或是去度假，还是什么安排都可以？许多人心里都没有一个完整的计划，然而，没有计划本身就是一种失败的计划——你正在计划着自己的失败。没有人愿意失败，却在不自觉地把自己推向失败之路。

你并不能保证做对每一件事情，但是你永远有办法去做对最重要的事情，计划就是一个排列优先顺序的办法。成功人士都善于规划他们自己的人生，他们知道自己要实现哪些目标，并且拟订一个详细的计划，把所有要做的事按照优先顺序排列，并按这一顺序来做。当然，有的时候没有办法100%地按照计划进行。但是，有了计划，便给人提供了做事的优先顺序，让他可以在固定的时间内，完成需要做的事情。

马克·吐温说过："行动的秘诀，在于把那些庞杂或棘手的任务，分割成一个个简单的小任务，然后从第一个开始下手。"

计划是为了提供一个整体的行动指南，从确立可行的目标，拟订计划并执行，最后确认出你达到目标之后所能得到的回报。你应该是在未做好第一件事之前，从不考虑去做第二件事，凡事要有计划，有了计划再行动，成功的概率会大幅度提升。

生命图案就是由每一天拼凑而成的，从这样一个角度来看待每一天的生活，在它来临之际，或是在前一天晚上，把自己如何度过这一天的情形在头脑中浏览一遍，然后再迎接这一天的到来。有了一天的计划，就能将一个人的注意力集中在"现在"。只要将注意力集中在"现在"，那么未来的大目标就会更加清晰，因为未来是被"现在"创造出来的。接受"现在"并打算未来，未来就是在目标的指导下最终创造出来的东西。

这就像盖房子一样。如果有人问你："你准备什么时候动工，开始盖一栋你想要的房子？"当你在头脑中已经勾勒出整个工程的时候，你就可以开始破土动工了。如果你还没有完成对它的规划和勾勒就草率行事，这是非常愚蠢的举动。

假设你刚刚开始砌砖，有人走上前来说："你在盖什么呢？"你回答说："我还没想好。我先把砖铺起来，看看最后能盖出个什么来。"人家会把你看成傻瓜。一个人只要做出一天的计划、一个月的计划，并坚持原则、按计划行事，那么在时间利用上，他已经开始占据了自己都无法想象的优势。

不论是学习、工作，还是生活，我们都要重视从整体上把握事情的进展，如果今天没有为明天做好计划，那么明天将无法拥有任何成果！

将整体目标分解为小阶段

系统思维法教给我们的智慧有两点：考察事物时将其作为一个整体，解决问题时则可以将一个整体分为小的阶段，逐个进行突破。

我们常常被一个问题的复杂和棘手所吓倒，认为解决它几乎是"不可能完成的任务"。但你是否尝试过将这个吓倒你的大问题分解成一个个小问题来解决呢？

在1984年的东京国际马拉松邀请赛中，名不见经传的日本选手山田本一出人意料地夺得了冠军。当记者问他凭什么取得如此惊人的成绩时，山田本一笑了笑："凭智慧战胜对手。"记者当场蒙了，以为山田本一故弄玄虚，哪有马拉松靠智慧而不靠体力和耐力取胜的？两年后，意大利国际马拉松邀请赛在米兰举行，山田本一代表日本参赛。这一次，他又夺得了冠军。记者再次请他谈谈经验，山田本一沉默了一会儿，还是说了那句话："凭智慧战胜对手。"记者还是迷惑不解，他到底靠的是什么智慧呢？

10 年后，这个谜底终于在他的自传中揭开。他在自传中写道："每次比赛前，我都要乘车把比赛路线仔细看一遍，并把沿途比较醒目的标志画下来，比如第一个标志是银行，第二个标志是一棵大树，第三个……一直画到赛程终点。比赛开始后，我就以百米冲刺的速度奋力冲向第一个目标，到达第一个目标后，我休整自己，又以同样的速度向第二个目标冲去。几十公里的赛程就这样被我分解成多个小目标轻松地跑完。其实，起初我并不懂得这样的道理，我始终把我的目标定在终点线上的那面旗帜上，结果我跑到十几公里处就疲惫不堪了，我被前面那段遥远的路程给吓倒了。"

我们的生活、工作都像是一场场的马拉松比赛，许多困难乍一看遥不可及，但我们若能本着从零开始，从点滴去实现的决心，有效地将问题分解成许多板块，然后分阶段向目标前进，就能大大提升我们攻克难关的信心和解决问题的效率。

"分"是一种大智慧，它不仅能够帮助我们解决心理上的压力，也能帮助我们将难以解决的问题高效解决。

拿破仑·希尔曾举过这样一个例子：

同样是做房地产生意，杰克计划向银行贷款大约 12000 万美元，而罗比则向银行贷款 11939 万美元。

最后，银行贷款给罗比，而拒绝了杰克的贷款请求。

在银行主任看来，罗比的预算具体且考虑很周到，说明罗比办事仔细认真，成功的希望较大。

罗比是怎样做到将预算计得如此详细呢？罗比介绍了一种将目标逐一击破的方法。利用这种方法，你可以对自己的工作进行规划：

假设你的工作计划为 5 年，让你的 5 年宏伟目标获得成功的秘诀是化整为零，每天做一点能做到的事。

1. 将你的目标分成 5 份

你把 5 年目标分成 5 份，变成 5 个一年目标，那你就可以确切地知道从现在到明年的此刻你必须完成的工作了。

2. 将每年的目标分成 12 份

祝贺你，你将进一步有了每月的目标了。如果要落实你的 5 年计划，你现在就更能清楚地了解从现在到下月的此时你应该完成什么了。

3. 将每月的目标分成 4 份

现在你可以知道下星期一早上必须着手做什么了。同时，唯有如此，你才会毫不迟疑地去做自己该做的事，然后，继续进行下一步。

4. 将每周的目标分成 5 ～ 7 份

用哪个数字划分，完全取决于你打算每周以几天从事这项工作。如果喜欢一周工作 7 天，则分成 7 份；如果认为 5 天不错，就分成 5 份。选择哪一种全靠你自己。但是，不论作何种选择，结果都是一成不变的：为了成功，我今天必须做什么？

当你从头到尾采取这种程序后，每天早晨就会胸有成竹地奔向坚定不移的目标，日复一日，年复一年，直至达到你最终的理想。

内容明晰的每周、每月和每年的目标有助于你发挥个人所长，集中精力，全力以赴地完成既定工作，从而获取个人的成功和幸福。同时，分成可行的逐日小目标可以减轻你因为茫然不知所措而产生的烦躁。

如果你对所做的事情不断怀疑，事情往往会做得很糟糕。但是，一旦你知道所做的事正好掌握了最佳时机，你就一定会做得更快、更好，而且有更大的热情和冲劲。

确立 5 年目标，并将它们划分成可以逐日完成的工作还有一个益处，即它能帮你判断你是否已真正瞄准目标。

例如：你从事销售，并决定一年内要拜访 500 个新主顾才能达到销售额，那么扣掉周末和节假日，一年大约有 250 个工作日。也就是说，每个工作日只需拜访两个人（上午、下午各一人）就可以达到目标了。

如果你真的一天拜访两个人，将来有一天，当你发现自己一年竟已拜访了 500 个后，可能就会说："我还可以做得更好，等着瞧吧！"

或者还有另一种情况，你发现每周 5 天的计划竟只用 3 天半就完成了。因此，第二个月的月底，就已经在做第五个月的工作计划了。所以，确立逐日的 5 年目标这一做法，消除了成功遥不可及的神秘感，彻底把它化为行动。

工作中遇到的困难就是我们要攻克的目标。每个人都会有或多或少的惧难心理，如果困难太大，很容易使我们因畏惧而裹足不前。系统思维告诉我们：若将困难划分为一个阶段一个阶段的具体目标，继而有针对性地去攻破，那么，无论多大的困难都会被我们瓦解了。

利用事物间的关联性解决问题

一般情况下，事物间都是普遍存在关联性的，在系统思维的指导下，我们可以利用事物间的关联性分析问题、解决问题。

《红楼梦》中冷子兴述说荣、宁二府时，便说"贾、史、王、薛"这四大家庭互有姻亲关系，是一损俱损、一荣俱荣的，后来贾雨村依靠林如海的推荐，最终在贾政的帮助下谋得官职便是利用人际关系网办事的一个典型范本。

现在，不止人与人之间的关系是互有联系的网状结构，几乎任何事物都可以找到与其他事物的关联处，并可以用来解决问题。

炒股的朋友都知道，股票的价格是受多方面因素影响的：国家政治格局、经济政策、企业发展、能源占有，等等，而这些因素之间也存在着或多或少的联系。其一方面出现的一点点变动，也许就可以影响甚至决定大盘的走向。所以，在投资时，股民就可以利用这些因素与股价的关联性进行判断，进而做出"买进"或"卖出"的决定。

下面这个小故事中的老农就利用上下楼层之间的关联性制服了贪婪的地主。

老农向一位地主借了 100 枚金币。他请来几位朋友与家人一起辛辛苦苦地盖了一座两层楼房。

老农还没搬进新楼房，地主就企图把楼上那一层弄过来自己住，算是老农拿房子抵债。他对老农说："请把二层让给我住，我借给你的那 100 枚金币就算是抵消了。不然，请你马上还我钱。"

老农听了地主的话，显出很不情愿的样子，说道："地主老爷，我一时半会儿还不了您的钱，就照您的意思办吧！"

第二天，地主全家喜气洋洋地搬进了新房子的二楼，过了数日，老农请来几位朋友和邻居，大家一齐动手拆起一层的房子来。地主听见楼下有声音，跑下来一看，吃惊地叫道："你疯了吗，为什么要拆新盖的房子？"

"这不关你的事，你在家里睡你的觉吧！"老农一边拆墙一边若无其事地说。

"怎么不关我的事呢？我住在二楼，你拆了一楼，二楼不就塌下来了吗？"地主急得直跺脚。

"我拆的是我住的那一层，又没拆你住的那一层，这与你没什么关系，请你好好看住你那一层，可别让它塌下来压伤了我和我的朋友。"老农说完，又高高地抡起了铁锹。

"请看在我们多年交情的分上，我们可以好好商量商量，请把你的那一层也卖给我好吗？"地主无奈，只好放软口气。

"如果你真心实意想买，就请你给我 200 枚金币。"老农说道。

"你……你……"地主气得说不出话来。

"地主老爷，你不要吞吞吐吐，200 枚金币少一个子儿我也不卖，我是拆定了。"说着，老农又高高举起了铁锹。

"别拆，别拆！我买，我买还不行吗！"地主只好拿出 200 枚金币买下了这所房子。

老农的聪明之处就是利用房子之间具有关联性，却向地主装糊涂，强调一层的独立性。

系统思维法充分利用了事物间的关联性，在既看到"树木"的同时，又能够看到"森林"，而且诸多要素之间是"牵一发而动全身"的关系，所以说，它是一种有效解决问题的方法。

第七章

类比思维

——比较是发现伟大的源泉

类比思维法的应用

类比思维法就是根据两个对象在一系列属性上相同或相似，由其中一个对象具有某种其他属性，推测另一个对象也具有这种其他属性的思维方法。它具有多种表现形式，我们常用的为直接类比法、间接类比法、形状类比法、功能类比法等。由这种方法所得出的结论，虽然不一定很可靠、精确，但富有创造性，往往能将人们带入完全陌生的领域，给予许多启发。

类比思维在创新和解决问题时，具有很大的指引作用，得到了思想家、科学家们的高度评价。

天文学家开普勒说："类比是我最可靠的老师。"

哲学家康德说："每当理智缺乏可靠论证的思路时，类比这个方法往往能指引我们前进。"

现代社会，随着日常创造的增加，类比的作用尤其得到重视。如日本学者大鹿让认为："创造联想的心理机制首先是类比……即使人们已经了解到了创造的心理过程，也不可从外面进入类似的心理状态……因此，为了给创造活动创造一个良好的心理状态，得采用一个特殊的方法，就是使用类比。"

瑞士著名的科学家阿·皮卡尔就运用类比法发明创造了世界上第一只自由行动的深潜器。

皮卡尔是位研究大气平流层的专家，他设计的平流层气球，曾飞到过 1.569 万米的高空。后来他又把兴趣转到了海洋，研究海洋深潜器。尽管海和天完全不同，但水和空气都是流体，因此，皮卡尔在研究海洋深潜器时，首先就想到利用平流层气球的原理来改进深潜器。

在这以前的深潜器，既不能自行浮出水面，又不能在海底自由行动，而且还要靠钢缆吊入水中。这样，潜水深度将受钢缆强度的限制，钢缆越长，自身重量就越大，也就容易断裂，所以过去的深潜器一直无法突破 2000 米大关。

皮卡尔由平流层气球联想到海洋深潜器。平流层气球由两部分组成：充满比空气轻的气体的气球和吊在气球下面的载人舱。利用气球的浮力，使载人舱升上高空，如果在深潜器上加一只浮筒，不也就像一只"气球"一样可以在海水中自行上浮了吗？

皮卡尔和他的儿子小皮卡尔设计了一只由钢制潜水球和外形像船一样的浮筒组成的深潜器，在浮筒中充满比海水轻的汽油，为深潜器增加浮力，同时，又在潜水球中放入铁砂作为压舱物，使深潜器沉入海底。如果深潜器要浮上来，只要将压舱的铁砂抛入海中，就可借助浮筒的浮力升至海上。再配上动力，深潜器就可以在任何深度的海洋中自由行动。这样就不需要拖上一根钢缆了。第一次试验，就下潜到 1380 米深的海底，后来又下潜到 4042 米深的海底。皮卡尔父子设计的另一艘深潜器理雅斯特号下潜到世界上最深的洋底——1.09168 万米，成为世界上潜得最深的深潜器，皮卡尔父子也因此获得了"上天入海的科学家"的美名。

类比思维法在运用时就要寻找事物的相似点，并且要对"相似性"

保持敏感，以达到触类旁通的目的。

医生常用的听诊器的发明就源于类比思维的运用。

一个星期天，法国著名医生雷内克瓦带着女儿到公园玩。女儿要求爸爸跟她玩跷跷板，他答应了。玩了一会儿，医生觉得有点累，就将半边脸贴在跷跷板的一端，假装睡着了。女儿见父亲的样子，觉得十分开心。突然，医生听到一声清脆的响声。睁眼一看，原来是女儿用小木棒在敲跷跷板的另一端。这一现象，立即使医生联想到自己在诊察中遇到的一个问题：当时医生听诊，采用的方式是将耳朵直接贴在患者有病部位，既不方便也不科学。医生想：既然敲跷跷板的一端，另一端就能清晰听到，那么，是不是也可以通过某样东西，使病人身体某个部位的声响让医生能够清楚地听见呢？

雷内克瓦用硬纸卷了一个长喇叭筒，大的一头靠在病人胸口，小的一端塞在自己耳朵里，结果听到的心音十分清楚。世界上的第一个听诊器就这样产生了。后来，他又用木料代替了硬纸做成了单耳式的木制听诊器，后人又在此基础上研制了现代广泛应用的双耳听诊器。

类比思维法是解决问题的一种常用策略，它教我们运用已有的知识、经验将陌生的、不熟悉的问题与已经解决的熟悉问题或其他相似事物进行类比，从而解决问题。

直接类比：寻找直接相似点

直接类比是从自然界或者从已有的发明成果中，寻找与发明对象相类似的东西，通过直接类比，创造新的事物。

如谷物的扬场机是直接类比人工扬场方式而得来的，医学上用于叩击病人的胸、腹部来诊断是否有腹水的"叩诊法"，是直接类比酒店里的叩击酒桶发出的声音来判断量的多少而得来的。

运用直接类比法进行的发明创造还有：

例如：

鱼骨　　针

茅草边　　齿锯

鸟　　飞机

照相照出照片　　电影

鱼　　潜水艇

蛋　　薄壳仿蛋屋顶

树叶的结构　　伞

梳子垫在剪子下剪头发　　安全剃须刀

生活中，人们可以使自己有意识地进行类比，当要创造某一事物而又思路枯竭的时候，就可通过类比法，从自然界或人工物品中，直接寻找与创造对象、目的类似的对应物，这样便可以减少凭空想象的缺点。

美国有个叫杰福斯的牧童，他的工作是每天把羊群赶到牧场，并监视羊群不越过牧场的铁丝栅栏到相邻的菜园里吃菜就行了。

有一天，小杰福斯在牧场上不知不觉地睡着了，不知过了多久，他被一阵怒骂声惊醒了。只见老板怒目圆睁，大声吼道："你这个没用的东西，菜园被羊群搅得一塌糊涂，你还在这里睡大觉！"

小杰福斯吓得面如土色，不敢回话。

这件事发生后，机灵的小杰福斯就想，怎样才能使羊群不再越过铁丝栅栏呢？他发现，那片有玫瑰花的地方，并没有更牢固的栅栏，但羊群从不过去，因为羊群怕玫瑰花的刺。"有了，"小杰福斯高兴地跳了起来，"如果在铁丝上加上一些刺，就可以挡住羊群了。"

于是，他先将铁丝剪成 5 厘米左右的小段，然后把它结在铁丝上当刺。结好之后，他再放羊的时候，发现羊群起初也试图越过铁丝栅栏去菜园，但每次被刺疼后，都惊恐地缩了回来，被多次刺疼之后，羊群再也不敢越过铁丝栅栏了。

小杰福斯成功了。

半年后，他申请了这项专利，并获批准。后来，这种带刺的铁丝栅栏便风行世界。

直接类比法是类比思维中最常运用的一种方法，也是一种比较简单的方法，但起到的创造性作用却是很大的，在各个领域均有应用。

间接类比：非同类事物间接对比

间接类比法就是用非同一类产品类比产生创造。在现实生活中，有些创造缺乏可以比较的同类对象，这就可以运用间接类比法。

如空气中存在的负离子，可以使人延年益寿、消除疲劳，还可辅助治疗哮喘、支气管炎、高血压、心血管病等，但负离子只有在高山、森林、海滩湖畔处较多。后来通过间接类比法，创造了水冲击法产生负离子，后吸取冲击原理，又成功创造了电子冲击法，这就是现在市场上销售的空气负离子发生器。

间接类比法在生活中也常常能激发出许多创造性的想法。

斐塞司博士有一天午饭后坐在门前晒太阳，看见一只猫在阳光下安详地打着盹，很是悠闲。

时间一分一分地流走，每隔一段时间，猫都会随着阳光的转移而不停地变换睡觉的场地。这一切在我们看来是那样的司空见惯，可是却唤起了斐塞司博士的好奇。

猫为什么喜欢待在阳光下呢？

猫喜欢待在阳光下，那么这说明光和热对它一定是有益的。那对人呢？对人是不是也同样有益？这个想法在斐塞司的脑子里闪了一下。

这个一闪而过的想法，成为闻名世界的"日光疗法"的触发点。之后不久，日光疗法便在世界上诞生了。斐塞司博士因此获得了诺贝尔医学奖。

如果我们家的院里也有这么一只睡懒觉的猫，我们也看到它一次次地趋近阳光，我们是不是能像斐塞司博士那样去想问题呢？

猫趋近阳光，是因为晒太阳对它的身体有益。那太阳对人的身体是否有益呢？正是这样的想法，从猫想到人，才有了今日的"日光疗法"。

间接类比法通常并不是首先明确创造的目的，而是首先发现了某事物具有很值得借鉴的特点，然后再去寻找和创造有什么东西可以与之对应。

走路时不小心踩到香蕉皮上，很容易滑倒。这是很多人司空见惯的一种现象。20 世纪 60 年代，一位美国学者却对这一现象产生了浓厚兴趣。他通过显微镜观察，发现香蕉皮是由几百个薄层构成，层与层之间很容易产生滑动。他突然想：如果能找到与香蕉皮相似的物质，则能作为很好的润滑剂。最后，他发现二硫化钼与香蕉皮的结构十分类似。经过再三实验，一种性能优良的润滑剂被制造出来了。

采用间接类比法，可以扩大类比范围，使许多非同一性、非同类的行业，也可由此得到启发，开拓新的领域。

形状类比：根据形状进行创造

形状类比往往是由某一原型的外形结构而类推出与此结构、形象相仿的创造物。

模仿昆虫复眼结构，用许多小的光学透镜有规则地排列起来制成光学元件——复眼透镜。用它做镜头制成的"复眼照相机"，一次能照出千百张相同的照片。

1903 年，莱特兄弟制造出了飞机，但他们不知道怎样使飞机在空中拐弯时保持飞机的平稳。于是他们想：这种现象在鸟儿那里是怎样处理的呢？于是他们仔细观察了老鹰的飞行，发现老鹰在转弯时，其羽翼可以弯折。这一下就找到了问题的症结点。他们仿照老鹰的羽翼，制造了后面可以弯折的机翼，这就是现代飞机襟翼的原型。

形状类比不但大量运用于仿生学，在其他领域也发挥着重要的作用。如果你在家仔细观察过可口可乐瓶子，是否觉得它的形状很像一位小女孩穿裙子的形象？那么，它是怎样诞生的呢？

美国有一位叫鲁托的制瓶工人，有一天他与女友约会，女友穿的裙子十分优雅。突然，鲁托灵感一闪，想到了一个好的设计：裙子因为膝盖上部分较窄，腰部显得有吸引力，如果把玻璃瓶设计成女友的裙子那样，一定也会大受欢迎的。他经过反复试验和改进，最后制造出这样一种瓶子：握上瓶颈时，没有滑落的感觉；瓶内所装的液体，看起来比实际的分量多，而且外观别致优美。

鲁托设计的玻璃瓶被可口可乐公司看中了，最后以600万美元买下鲁托这项设计的专利。鲁托这位穷工人因善于发现，很快成为百万富翁。而可口可乐公司自从1923年买下这项专利后，至今仍使用这种玻璃瓶，这有力地促进了可口可乐的销售。

无独有偶，吉列刀片的创造源于耕地用的耙子的形状类比。

"掌握全世界男人的胡子"的吉列剃须刀公司的创始人金·吉列曾是一家小公司的推销员。一天早上，吉列刮胡子时，由于刀磨得不好，刮得很费劲，脸被划了几道口子，懊丧之余，吉列盯着剃须刀，产生了创造新型剃须刀的念头。于是他对周围的男性进行调查，发现他们都希望有一种新型的剃须刀，他们的基本要求包括安全、保险、使用方便、刀片随时可换等。这样，吉列就开始了他开发剃须刀的行动。

这种新型剃须刀该是什么样的呢？吉列苦思冥想。

由于没能冲破传统习惯的束缚，新发明的基本构造总是脱不掉老式长把剃须刀的局限，怎么办呢？吉列绞尽脑汁，还是一时不得要领。

一天，他望着一片刚收割完的田地，看到一位农民正轻松自如地挥动着耙子修整田地，一个新思路出现在吉列的脑海里，他心想，对！新剃须刀的基本构造，就应该同这耙子一样，简单、方便、运用自如。

运用形状类比法，需要我们在生活中仔细观察事物的形状结构，将其构造与我们的研究对象相结合，创造出与原有事物形状相似的物品。当然，这也需要我们具有敏锐的视角，不放过任何一个可以用来效仿的对象。

功能类比：依据相似的功能进行类比

功能类比是根据人们的某种愿望或需要类比某种自然物或人工物的功能，提出创造具有近似功能的新装置的发明方案，例如各种机械等。

长颈鹿的脖子很长，从大脑到心脏有 3 米之遥。因此它的血压很高，非如此不能将心脏的血"压"上 3 米高的脑部，以保证大脑不致缺血。

但是，当长颈鹿低头喝水时，心"高"头"低"，心脏的血会猛烈冲击脑部，此时，长颈鹿却安然无恙。

原来，长颈鹿身上裹着一层厚皮。当它低头喝水时，厚皮自动收缩，箍住血管，从而限制了血液的流速，缓解了脑血管的压力。

科学家模拟长颈鹿的皮肤原理，制成"抗荷服"，用于保护飞行员。当飞机加速时，"抗荷服"可以自动压缩空气、压迫血管，从而限制飞行员的血液流速，防止其"脑失血"。

此种方法应用范围比较广，而且不只是科学专家的专利，是每一个人都能够运用的。

我国某机械厂工人廖基程在厂里劳动时看到，大部分精密零件的加工都需要用手操作。为了防止零件生锈，工人必须整天戴手套，而且手套还必须套得很紧，手指头才能灵活弯曲。这样，不但戴上、脱下相当麻烦，手套还很容易弄坏。他常想：难道只能戴这样的手套吗？能不能想个办法改进一下呢？有一天，他在帮助妹妹做纸手工艺品时，手指上沾满了糨糊。糨糊很快干了，变成了一层透明的薄膜，紧紧地裹在手指上。他当时就想："真像个指头套，要是厂里的橡皮手套也这么方便就好了！"后来他又想起，小时候曾在雨后的泥泞路上行走，不小心滑倒了，双手沾满了泥污，干了后也像戴了泥手套似的。

过了不久，有一天清早醒来，他躺在床上，眼睛望着天花板，头脑里突然想：可以设法把手浸在一种像糨糊一样的液体里，干了以后就让手上沾的液体成为手套。不需要它时，手浸在另外一种液体里，泡一下就让它褪掉。这不比戴橡皮手套方便得多吗？他将自己的这一设想向公司汇报后，公司成立了一个研究小组，廖基程也从生产车间调到了这个组里。经过反复研究、试制，终于发明了"液体手套"。使用这种手套，只需将手浸入一种化学药液中，就能在手上覆盖一层透明的薄膜，像真的戴上了手套一样，而且它比戴任何一种手套都更柔软、更舒适、更富有弹性。不需要它时，把手放进水里泡一下，就能完全化掉。

与此相类似，一位技术人员利用功能类比创造了使油漆易脱落的方法。

如何才能比较容易地清除掉旧家具或墙壁上的油漆？这曾经是一个不容易解决的难题。一次，一家化学公司的技术人员在一起讨论这个问题，大家查文献、找资料，先后提出了许多办法，结果或者不恰当，或者行不通。有个工程师想了一会儿，一下子思想"开小差"、"走了神"，回忆起儿时的情景，他想到了小时候同小伙伴一起放鞭炮，导火绳一点燃，噼里啪啦地响上一阵，裹在鞭炮上的纸被炸得"四处飞舞"、"片甲不留"。这时，他头脑里突然冒出一个想法：是不是也可以在油漆里放点炸药，当需要油漆脱落的时候把油漆炸掉呢？他把这个想法在会上提了出来。大家听后都笑了，这不明明是小孩子天真幼稚的想法吗？这位工程师并没因为受到大家的讥笑便马上放弃自己的想法。后来他沿着这条思路不断地探索、不断地试验，终于发明了一种可以加进油漆中的添加剂。把这种添加剂加在油漆里以后，它不会引起油漆发生质的根本变化，可是当它接触到另一种添加剂时，便会马上起作用，使油漆从家具或墙壁上掉得干干净净。

放鞭炮和除油漆从表面上看是风马牛不相及的事情，但只要仔细思考，就会发现鞭炮与添加剂的功能是相通的，只要添加剂找得恰当，就能够达到预期的效果。

功能类比与其他类比方式相比，为我们的思考方式打开了另一扇门，而且，随着控制论、信息论等现代科学技术的出现，功能类比法会得到更大的发展。正如控制论发明人维纳所言："把生命机体与机器做类比的工作，可能是当代最伟大的贡献。"

警惕类比陷阱

在类比思维方法中，因为类比推理的客观依据是对象之间的同一性和对象之间的相关性，因此同一性和相关性是高还是低，必然会影响推论的可靠性程度。如果对象之间的共同属性是主要的、本质的，对象属性之间的相关性是必然的，那么，推论就是可靠的；反之，如果对象之间的共同属性是次要的，对象属性之间的相关性是偶然的，那么，所得推论就不一定可靠。这说明，类比法和其他思维方法一样，也有它的局限性，主要表现在下面两个方面：

(1) 注重相同性，忽略了相异性。而实际上，重视事物的相异性也是创造性的突出特征，绝对不可偏废。假如只重视这种相同性，往往会导致成功的可能性和可靠性不高，有时还会把人引入迷途。

(2) 类比具有想象成分，容易因"不完全相似"特征推出荒谬的结果。如下列的类比：

地球：星星，位于太阳系，有壳，会公转和自转，有生物。

月球：星星，位于太阳系，有壳，会自转和公转。

所以，月球上也是有生命的。

这就有明显的错误，属于机械类比的表现。

类比陷阱可以说是无处不在的，如果稍有考虑不全面，即会陷入其中，科学界就曾出现过类似的错误判断。

20 世纪，人们根据火星与地球有许多相似之处，因而得出火星有生命存在的结论，这已被近年来空间探测结果所否定。又如，1846 年有人根据行星摄动理论发现了海王星，解决了天王星的轨道和理论计算不符的矛盾。但在当时，水星轨道也与理论计算不符，于是有人就用类比法，假设水星与太阳之间还有一颗星——"火神星"，并用理论计算了这颗星的轨道。这以后，许多人探索了几十年，仍然不见这颗星的踪迹。直到爱因斯坦广义相对论的发表，才把谜底揭开，原来并无此星，水星轨道的极摄动是引力波所引起的，从而否定了这"错误结论"。

为了避免落入类比陷阱，增加类比的可靠性，就得特别注意如下几点：

(1) 尽可能增加类比项。两个和两类对象之间所共有或共缺的属性类比项越多，可靠性越大。

(2) 类比中的共有或共缺属性应该是本质属性。

(3) 类比对象的共有或共缺属性与所要类比的属性之间应该有本质和必然的联系。

第八章

辩证思维

——真理就住在谬误的隔壁

简说辩证思维

有一天，苏格拉底遇到一个年轻人正在向众人宣讲"美德"。苏格拉底就向年轻人去请教："请问，什么是美德？"

年轻人不屑地看着苏格拉底说："不偷盗、不欺骗等品德就是美德啊！"

苏格拉底又问："不偷盗就是美德吗？"

年轻人肯定地回答："那当然了，偷盗肯定是一种恶德。"

苏格拉底不紧不慢地说："我在军队当兵，有一次，接受指挥官的命令深夜潜入敌人的营地，把他们的兵力部署图偷了出来。请问，我这种行为是美德还是恶德？"

年轻人犹豫了一下，辩解道："偷盗敌人的东西当然是美德，我说的不偷盗是指不偷盗朋友的东西。偷盗朋友的东西就是恶德！"

苏格拉底又问："又有一次，我一个好朋友遭到了天灾人祸的双重打击，对生活失去了希望。他买了一把尖刀藏在枕头底下，准备在夜里用它结束自己的生命。我知道后，便在傍晚时分溜进他的卧室，把他的尖刀偷了出来，使他免于一死。请问，我这种行为是美德还是恶德啊？"

年轻人仔细想了想，觉得这也不是恶德。这时候，年轻人很惭愧，他恭恭敬敬地向苏格拉底请教什么是美德。

苏格拉底对年轻人的反驳运用的就是辩证思维。辩证思维是指以变化发展视角认识事物的思维方式，通常被认为是与逻辑思维相对立的一种思维方式。在逻辑思维中，事物一般是"非此即彼"、"非真即假"，而在辩证思维中，事物可以在同一时间里"亦此亦彼"、"亦真亦假"而无碍思维活动的正常进行。

谈到辩证思维，我们不能不提到矛盾。正因为矛盾的普遍存在，才需要我们以变化、发展、联系的眼光看问题。就像苏格拉底能从年轻人给出的美德的定义中找到诸多矛盾，就是因为年轻人忽视了辩证思维，或者他并不懂得应该辩证地看待事物。

我们的生活无处不存在矛盾，也就无处不需要辩证思维的运用。

从下面的故事中你也许可以体会出矛盾的普遍性以及辩证思维的奇妙之处。

从前有一个老和尚，在房中无事闲坐着，身后站着一个小和尚。门外有甲、乙两个和尚争论一个问题，双方争执不下。一会儿甲和尚气冲冲地跑进房来，对老和尚说："师傅，我说的这个道理，是应该如此这般的，可是乙却说我说得不对，您看我说得对还是他说得对？"老和尚对甲和尚说："你说得对！"甲和尚很高兴的出去了。过了几分钟，乙和尚气愤地跑进房来，他质问老和尚说："师傅，刚才甲和我辩论，他的见解根本错误，我是根据佛经上说的，我的意思是如此这般，您说是我说得对呢？还是他说得对？"老和尚说："你说得对！"乙和尚也欢天喜地的出去了。乙走后，站在老和尚身后的小和尚，悄悄地在老和尚耳边说："师傅，他俩争论一个问题，要么就是甲对，要么就是乙对，甲如对，乙就不对；乙如对，甲就肯定错啦！您怎么可以向两个人都说你对呢?"老和尚掉过头来,对小和尚望了一望,说:"你也对!"

故事中的主人公并非是非不分,而是两位小和尚从不同角度对问题的理解都是正确的。这也说明了我们的生活中许多事物并不只存在一个正确答案,若尝试用辩证思维去思考,往往会看到问题的不同维度,也就会得到许多不同的见解,而不致视角产生偏颇。

对立统一的法则

在生活中,我们找不到两片完全相同的树叶,同样,也不存在绝对的对与错。所有的判断都是以一个参照物为标准的,参照物变化了,结论也就变化了。这使得事物本身存在着矛盾,而这个对立统一的法则,是唯物辩证法的最根本的法则。

著名的寓言作家伊索,年轻时曾经当过奴隶。有一天他的主人要他准备最好的酒菜,来款待一些哲学家。当菜都端上来时,主人发现满桌都是各种动物的舌头,简直就是一桌舌头宴。客人们议论纷纷,气急败坏的主人将伊索叫了进来问道:"我不是叫你准备一桌最好的菜吗?"

只见伊索谦恭有礼地回答:"在座的贵客都是知识渊博的哲学家,需要靠着舌头来讲述他们高深的学问。对于他们来说,我实在想不出还有什么比舌头更好的东西了。"

哲学家们听了他的陈述都开怀大笑。第二天,主人又要伊索准备一桌最不好的菜,招待别的客人。宴会开始后,没想到端上来的还是一桌舌头,主人不禁火冒三丈,气冲冲地跑进厨房质问伊索:"你昨天不是说舌头是最好的菜,怎么这会儿又变成了最不好的菜了?"

伊索镇静地回答:"祸从口出,舌头会为我们带来不幸,所以它也是最不好的东西。"

一句话让主人哑口无言。

在不同的时间、不同的地点,对不同的对象,最好的可以变成最坏的,最坏的亦可变成最好的。这就是辩证的统一。

还有一个故事，可以让我们领会到应如何运用对立统一法则。

海湾战争之后，一种被称之为 M1A2 型坦克开始装备美军。这种坦克的防护装甲是当时世界上最坚固的，它可抵抗时速超过 4500 千米、单位破坏力超过 13500 千克的打击力量。那么，这种品质优异的防护装甲是如何研制成功的呢？

乔治·巴顿中校是美国陆军最优秀的坦克防护装甲专家之一。他接受研制 M1A2 型坦克装甲的任务后，立即拽来了一位"冤家"作为搭档——著名破坏力专家迈克·舒马茨工程师。两人各带一个研究小组开始工作。所不同的是，巴顿所带的研制小组，负责研制防护装甲；舒马茨带的则是破坏小组，专门负责摧毁巴顿研制出来的防护装甲。

刚开始，舒马茨总是能轻而易举地把巴顿研制的坦克炸个稀巴烂。但随着时间的推移，巴顿一次次地更换材料，修改设计方案，终于有一天，舒马茨使尽浑身解数也未能破坏这种新式装甲。于是，世界上最坚固的坦克在这种近乎疯狂的"破坏"与"反破坏"试验后诞生了。巴顿与舒马茨也因此而同时荣膺了紫心勋章。

利用"破坏"与"反破坏"的矛盾关系制造坦克装甲的过程，也就是利用辩证思维中对立统一法则，巧妙处理事物的矛盾的过程。这也是在告诉我们，当事物的一个方面对我们不利时，可以考虑将它的两方面特性统一起来，使其互相补充、互相促进。

真理就在谬误隔壁

西方有一则寓言。

"砰！砰！砰！"一个匆匆而过的路人急切地敲打着一扇神秘的门。

不久门开了。

"你找谁？"门里的人问。

"我找真理。"路人答。

"你找错了，我是谬误。"门里的人"砰"的一声把门关上了。

路人只好继续寻找。

他蹚过了很多条河流，翻过了很多座高山，风餐露宿，历尽艰难，可就是迟迟找不到真理。后来，他想，既然真理和谬误是一对冤家，那说不定谬误知道真理在哪儿。

于是他重新找到谬误，谬误却说："我也正要找真理呢。"说毕又关上了门。

路人不死心，继续寻找真理，他再一次跋山涉水，再一次风餐露宿，依然找不到真理。

于是，路人又敲开了谬误的门，可谬误仍给他一副冰冷的面孔。

就在路人近乎绝望地在谬误门口徘徊的时候，不断的敲门声吵醒了谬误的邻居。随着"吱呀"一声轻响，路人回头一看，天哪，这不正是真理吗？

原来，真理就住在谬误的隔壁。

有人说："真理和谬误只有一步之遥。"培根说："只要人接触到真理，就不能不被真理所征服。因为真理既是衡量谬误的尺度，又是衡量自身的尺度。"

寻找真理，就要摒弃谬误的干扰。谬误有时就体现在事物的矛盾之中，而我们常常陷于自己的种种设想而忽略矛盾，也就会一次次地靠近谬误而得不到真理。

我们知道"自相矛盾"的故事，讲的是有个楚国商人在市场上出卖自制的长矛和盾牌。他先把盾牌举起来，一面拍着一面吹嘘说："我卖的盾牌，最牢最牢，再坚固不过了。不管对方使的长矛怎样锋利，也别想刺透我的盾牌！"停了一会儿，他又举起长矛向围观的人们夸耀："我做的长矛，最快最快，再锋利不过了。不管对方抵挡的盾牌怎样坚固，我的长矛一刺就透！"围观的人群中有人问道："如果用你做的长矛来刺你的盾牌，是刺得透还是刺不透呢？"楚国商人涨红着脸，半天回答不上来。

楚国商人的错误就在于他的说法是互相矛盾的，我们在生活中应当善于找出事物中的矛盾，辨别什么东西是可行的，什么东西是不可行的，以利于对矛盾进行规避或加以利用。

"日心说"的创立即是哥白尼分析事物矛盾，摆脱谬误，寻求真理的过程。

在"日心说"诞生之前，由托勒密创建的"地心说"统治着西方人们的思想长达 1000 年之久。"地心说"认为地球是宇宙的中心，并认为天分九层，分别是：月球、水星、金星、太阳、火星、木星、土星、恒星与"最高天"，其中第九层是上帝的居所，这一说法迎合了宗教的观点，更成为不可冒犯的天条。

1473 年 2 月 19 日，哥白尼诞生于波兰托伦城。10 岁时，父亲去世，他便跟着舅父路加斯·瓦兹洛德生活。他的舅父是一位学识渊博的主教，哥白尼深受影响，爱上了天文学和数学。哥白尼 18 岁时，进入克拉科夫大学艺术系学习。他白天上课，夜间观测星星。后来，哥白尼又到意大利波伦亚大学攻读天文学。哥白尼成人以后，回到波兰，在弗伦堡天主教会当牧师。哥白尼在教会的一角，找到了一间小屋，建立了一个小小的观测台。他自己动手制造了四分仪、三角仪、测高仪等观测仪器。

哥白尼经过长期的观测，算出太阳的体积大约相当于 161 个地球（实际上比这个数字还大）。他想，这么一个庞然大物，会绕着地球旋转吗？他开始对流传了 1000 多年的托勒密的"地心说"产生了怀疑。

哥白尼天天观测着，计算着，于是他终于创立了以太阳为中心的"日心说"。

从 1510 年开始，哥白尼动手写作，整整花了 20 多年的时间，终于写成了 6 卷巨著《天体运行论》。

哥白尼之所以有如此重大发现，主要是他善于思考和分析，在人们习以为常的谬误中寻找真理。

思考的过程，就是找出事物的矛盾的过程。真理常常与谬误相伴而生，揭示了谬误，意味着在奔向真理的道路上又前进了一步。对于我们而言，锻炼自己的辩证思维，就要善于找出和分析漏洞或破绽，从中发现真理。

在偶然中发现必然

太阳的东升西落，地球运行的轨道，潮起潮落，月亮的阴晴圆缺，春夏秋冬的更替，一切都有自身的规律。

任何事情的发生，都有其必然的原因。有因才有果。换句话说，当你看到任何现象的时候，你不要觉得不可理解或者奇怪，因为任何事情的发生都必有其原因。

格德纳是加拿大一家公司的普通职员。一天，他不小心碰翻了一个瓶子，瓶子里装的液体浸湿了桌上一份正待复印的重要文件。

格德纳很着急，心想这下可闯祸了，文件上的字可能看不清了。

他赶紧抓起文件来仔细察看，令他感到奇怪的是，文件上被液体浸染的部分，其字迹依然清晰可见。

当他拿去复印时，又一个意外情况出现了，复印出来的文件，被液体污染后很清晰的那部分，竟变成了一团黑斑，这又使他转喜为忧。

为了消除文件上的黑斑，他绞尽脑汁，但一筹莫展。

突然，格德纳的头脑中冒出一个针对"液体"与"黑斑"倒过来想的念头。自从复印机发明以来，人们不是为文件被盗印而大伤脑筋吗？为什么不以这种"液体"为基础，化其不利为有利，研制一种能防止盗印的特殊液体呢？

格德纳利用这种逆向思维，经过长时间艰苦努力，最终把这种产品研制成功。但他最后推向市场的不是液体，而是一种深红的防影印纸，并且销路很好。

格德纳没有放过一次复印中的偶然事件，由字迹被液体浸染后变清晰，复印出的却是黑斑这一现象，联想到文件保密工作中的防止盗印，由此开发了防影印纸。不可不说他抓住了一个创新的良机。

衣物漂白剂的发明与此有异曲同工之妙，也是源于一次偶然的发现。

吉麦太太洗好衣服后，把拧干的洗涤物放到一边，疲倦地站起来伸伸腰。这时，吉麦先生下意识地挥了一下画笔，蓦地，蓝色颜料竟沾在了洗好的白衬衣上。

他太太一面嘀咕一面重洗。但雪白的衬衣因沾染蓝色颜料，任她怎么洗，仍然带有一点淡蓝色。她无可奈何地只好把它晒干。结果，这件沾染蓝颜料的白衬衣，竟更鲜丽，更洁白了。

"呃！这就奇怪啦！沾染颜料竟比以前更洁白了！"

"是呀！的确比以前更白了，奇怪！"他太太也感到惊异。

翌日，他故意像昨天一样，在洗好的衣服上沾染了蓝颜料，结果晒干的衬衣还是跟上次一样，显得异常明亮、雪白。第三天，他又试验了一次，结果仍然一样。

吉麦把那种颜料称为"可使洗涤物洁白的药"，并附上"将这种药少量溶解在洗衣盆里洗涤"的使用方法，开始出售。普通新产品是不容易推销的，但也许是他具有广告的才能吧，吉麦的漂白剂竟出乎意料地畅销。凡是使用过的人，看着雪白得几乎发亮的洗涤物，无不啧啧称奇，赞许吉麦的"漂白剂"。

一经获得好评后，这种可使洗涤物洁白的"药"——蓝颜料和水的混合液，就更受家庭主妇的欢迎。

吉麦发明这种漂白剂出于偶然，由此可见，如果能抓住偶然发现的东西，也是一种发明或创造的方法。

事物是有规律的，偶然中蕴涵着必然，对生活中的偶然现象不能轻易放过，仔细观察、善于思考，也许你会从中获得一些意外的发现。

永远不变的是变化

一只鲷鱼和一只蝶螺在海中，蝶螺有着坚硬无比的外壳，鲷鱼在一旁赞叹着说："蝶螺啊！你真是了不起呀！一身坚硬的外壳一定没人伤得了你。"

蝶螺也觉得鲷鱼所言甚是，正洋洋得意的时候，突然发现敌人来了，鲷鱼说："你有坚硬的外壳，我没有，我只能用眼睛看个清楚，确知危险从哪个方向来，然后，决定要怎么逃走。"说完，鲷鱼便"咻"的一声游走了。

此刻，蝾螺心里想:我有这么一身坚固的防卫系统，没人伤得了我!便关上大门，等待危险的过去。

蝾螺等呀等，等了好长一段时间，心里想:危险应该已经过去了吧!

当它把头冒出来透气时，不禁扯破了喉咙大叫:"救命呀!救命呀!"

原来，此时它正在水族箱里，面对的是大街，而水族箱上贴着的是:蝾螺××元一斤。

故事中的蝾螺认为封闭自己就可以躲避危险，却落得了成为盘中餐的悲惨结局。

这个故事也在告诉我们，我们生活在一个瞬息万变的世界里，唯一不变的东西是变化本身，所以我们要做的并不是将自己与外界隔绝，而是应积极地改变自己，辩证地看待问题，以适应变化的环境。

有时，面对外界的变化，我们唯有做出改变，才能更加接近成功。就像下面故事中的小河一样。

《大长今》第七集，长今为帮助朋友，私自出宫犯了戒律，被发配到"多栽轩"种药草。

凡被赶出宫的人肯定再也没有机会回到宫中了，长今几乎绝望。

更让人绝望的是，"多栽轩"从长官到普通职员，整天庸庸碌碌，除了喝酒就是睡觉，他们对生活已失去了最起码的希望。

这是一个可怕的环境，足以消磨任何人的斗志和信念，所有来这里的人都变得麻木和无所作为。

但长今一生的信念是学好厨艺,目标是当上宫中的"最高尚宫娘娘"。

现在她被赶出宫，理想应当破灭了。

可当长官告诉她有一种珍贵的药材，还从来没有人种植成功过，长今惊喜万分，马上明白了自己在"多栽轩"的使命。

从此她的生活马上有了希望和目标——立刻静下心来，在"多栽轩"

安心地学习，并种植出珍贵的药材，结果她成功地种出了在朝鲜从来没有人种出过的药材。

"多栽轩"轰动了，所有的人都来帮助长今种植这种稀有的药材。

周围一群只知道喝酒睡觉的人，都成了勤劳的能工巧匠，对一切都已经麻木的长官，在关键的时候却成了拯救长今的贵人。

长今再次回到了一生追求的目标——当宫中的"最高尚宫娘娘"。

宇宙是运动着的，地球也在不停地运动，世界上千万事物每刻都在发生变化，人在变、物在变，我们周边的生活环境也在变。所以，我们也要用变化的眼光、灵活的头脑、运动的心态，看待、分析、思索身边的万事万物。无论世界多么变幻无常，只要你能从中把握自己，肯定会处理得明明白白。

在不满中起步

当你有不满时，不要只顾发泄情绪，要认识到这是改造现状、开发新天地的大好契机。化不满为创新，成功女神就会青睐于你。

霍华德·海德很喜欢运动，但怕滑雪。因为他在滑雪时，那种又长又笨重的滑板，使他摔了许多跤，于是他咬牙发誓：这一辈子再也不去滑雪了。

但就在回家的路上，他突然心头一动：既然我喜欢滑雪，却因为滑板不理想，导致我要放弃这一很有意思的活动，为何我不可以改善一下滑板呢？像我这样的人一定很多，假如我能够发明出来，势必也很有市场。

于是，他花了几年的时间来进行这项发明，终于一举成功。不仅自己建立了海德滑板公司销售滑板，而且还转让专利。其中一家叫AMF 的公司，购买他的专利后生意兴隆，又赠给他 450 万美元。

还有一个故事是关于牙刷的。

加藤信三是狮王牙刷集团的员工。一天早上，他正刷牙，发觉自己的牙龈被刷出血了，这种情况已经发生好多次了，每次都气得他想把牙刷扔了。

但是他并没有这么做，也并没有像一般人那样发一顿牢骚就从此忘了。作为牙刷公司的一名职工，他想：肯定有很多人也像他一样，被牙刷刷得牙龈出血。显然，问题出在牙刷上，那么应该怎样来解决这一问题呢？

在接下来的几个月里，他就一直在想这个问题。他也着实想解决牙龈出血的问题，考虑使用软毛牙刷，但牙刷毛过于柔软，不能很好地清除牙缝中的"垃圾"。

还想到使用前把牙刷泡在温水里，让它变得柔软一些，或者多用点牙膏。但他都觉得不够理想，因为使用起来不是很方便。

终于有一天，他突然想起，这一问题会不会与牙刷毛的形状有关系呢？会不会是因为它们太坚硬了，而将牙龈刺出血了呢？原来，牙刷毛顶端是四角形的，正是由于这种棱角而将牙龈刺破了。

加藤针对这个缺点想出了一个好办法：把牙刷毛的顶端磨成圆形，那么用起来一定不会再出血了。

于是他就把他的新创意向公司提出来。公司对此非常感兴趣，经过试验证明他的创意可行，马上采纳了他的新创意。

后来狮王牌的牙刷毛顶端就全部改成圆形，受到消费者的普遍欢迎。这样一来，狮王牌的牙刷不仅在众多牙刷中一枝独秀，而且长盛不衰，一度占到日本牙刷销售量的 30%～40%。

加藤信三的创意为百姓们解决了生活中一个常遇的小麻烦，为公司创造了巨额利润，同时也为他自己的发展创造了机会。他从一个普通的小职员一跃成为科长，后来又升为董事。

加藤的"幸运"来自于在不满中起步，在不满中改进。所以，从某种程度上来讲，不满是发现的第一步，是进步的源泉，是拥抱希望的契机。

人生之路，充满荆棘与坎坷，当然也有苦尽甘来的成功与喜悦。

失败与成功相伴，坎坷与坦途并存，善于辩证地对待困境与坎坷，在不满中起步，是我们应该培养的一种正确的人生思维。

苦难是柄双刃剑

用辩证的思维来看，苦难是一柄双刃剑，它能让强者更强，练就出色而几近完美的人格，但是同时它也能够将弱者一剑刺伤，从此倒下。

曾有这样一个"倒霉蛋"，他是个农民，做过木匠，干过泥瓦工，收过破烂，卖过煤球，在感情上受到过致命的欺骗，还打过一场3年之久的麻烦官司。他曾经独自闯荡在一个又一个城市里，做着各种各样的活计，居无定所，四处漂泊，生活上也没有任何保障。看起来仍然像一个农民，但是他与乡里的农民有些不同，他虽然也日出而作，但是不日落而息——他热爱文学，写下了许多清澈纯净的诗歌。每每读到他的诗歌，都让人们为之感动，同时为之惊叹。

"你这么复杂的经历怎么会写出这么纯净的作品呢？"他的一个朋友这么问他，"有时候我读你的作品总有一种感觉，觉得只有初恋的人才能写得出。"

"那你认为我该写出什么样的作品呢？《罪与罚》吗？"他笑。

"起码应当比这些作品更沉重和黯淡些。"

他笑了，说："我是在农村长大的，农村家家都储粪种庄稼。小时候，每当碰到别人往地里送粪时，我都会掩鼻而过。那时我觉得很奇怪，这么臭这么脏的东西，怎么就能使庄稼长得更壮实呢？后来，经历了这么多事，我却发现自己并没有学坏，也没有堕落，甚至连麻木也没有，就完全明白了粪和庄稼的关系。

"粪便是脏臭的，如果你把它一直储在粪池里，它就会一直这么脏臭下去。但是一旦它遇到土地，它就和深厚的土地结合，就成了一种有益的肥料。对于一个人，苦难也是这样。如果把苦难只视为苦难，那它真的就只是苦难。但是如果你让它与你精神世界里最广阔的那片土地去结合，它就会成为一种宝贵的营养，让你在苦难中如凤凰涅槃，体会到特别的甘甜和美好。"

土地转化了粪便的性质，人的心灵则可以转化苦难的流向。在这转化中，每一次沧桑都成了他唇间的美酒，每一道沟坎都成了他诗句的源泉。他文字里那些明亮的妩媚原来是那么深情、隽永，因为其间的一笔一画都是他踏破苦难的履痕。

苦难是把双刃剑，它会割伤你，但也会帮助你。

帕格尼尼，意大利著名小提琴家。他是一位在苦难的琴弦下把生命之歌演奏到极致的人。

4岁时经历了一场麻疹和强直性昏厥症，7岁患上严重肺炎，只得大量放血治疗。46岁因牙床长满脓疮，拔掉了大部分牙齿，其后又染上了可怕的眼疾。50岁后，关节炎、喉结核、肠道炎等疾病折磨着他的身体与心灵，后来声带也坏了。他仅活到57岁，就口吐鲜血而亡。

身体的创伤不仅仅是他苦难的全部。他从13岁起，就在世界各地过着流浪的生活。他曾一度将自己禁闭，每天疯狂地练琴，几乎忘记了饥饿和死亡。

像这样的一个人，这样一个悲惨的生命，却在琴弦上奏出了最美妙的音符。3岁学琴，12岁举办首场个人音乐会。他令无数人陶醉，令无数人疯狂！

乐评家称他是"操琴弓的魔术师"。歌德评价他："在琴弦上展现了火一样的灵魂。"李斯特大喊："天哪，在这四根琴弦中包含着多少苦难、痛苦与受到残害的生灵啊！"苦难净化心灵，悲剧使人崇高。也许上帝成就天才的方式，就是让他在苦难这所大学中进修。

弥尔顿、贝多芬、帕格尼尼，世界文艺史上的三大怪杰，最后一个成了瞎子，一个成了聋子，一个成了哑巴！这就是最好的例证。

苦难，在这些不屈的人面前，会化为一种礼物，一种人格上的成熟与伟岸，一种意志上的顽强和坚韧，一种对人生和生活的深刻认识。然而，对更多人来说，苦难是噩梦，是灾难，甚至是毁灭性的打击。

其实对于每一个人，苦难都可以成为礼物或是灾难。你无需祈求上帝保佑，菩萨显灵。选择权就在你自己手里。一个人的尊严，就是不轻易被苦难压倒，不轻易因苦难放弃希望，不轻易让苦难磨灭自己蓬勃向上的心灵。

用你的坚韧和不屈，把灾难般的苦难变成人生的礼券。

塞翁失马，焉知非福

靠近边塞的地方，住着一位老翁。老翁精通术数，善于占卜。有一次，老翁家的一匹马，无缘无故挣脱缰绳，跑入胡人居住的地方去了。邻居都来安慰他，他心中有数，平静地说："这件事难道不是福吗？"几个月后，那匹丢失的马突然又跑回家来了，还领着一匹胡人的骏马一起回来。邻居们得知，都前来向他家表示祝贺。老翁无动于衷，坦然道："这样的事，难道不是祸吗？"老翁的儿子生性好武，喜欢骑术。有一天，他儿子骑着胡人的骏马到野外练习骑射，烈马脱缰，他儿子摔断了大腿，成了终生残疾。邻居们听说后，纷纷前来慰问。老翁不动声色，淡然道："这件事难道不是福吗？"又过了一年，胡人侵犯边境，大举入塞。四乡八邻的精壮男子都被征召入伍，拿起武器去参战，死伤不可胜计。靠近边塞的居民，十室九空，在战争中丧生。唯独老翁的儿子因残疾，没有去打仗。因而父子得以保全性命，安度残年余生。

老翁能够如此淡然地看待得与失，在于他一直在辩证地看问题，将辩证思维恰如其分地运用到了生活当中。

其实，真实的生活无处不存在着辩证法，它不会有绝对的好，也不会有绝对的坏。在此处的好到了彼处也许就变成了坏，同理，此处的坏到了彼处也许可以演化为好。就如我们的优势，在特定的环境中可以发挥得淋漓尽致，而脱离了这片土壤，也许会成为前进的绊脚石。

一个强盗正在追赶一个商人，商人逃进了山洞里。山洞极深也极黑，强盗追了上去，抓住了商人，抢了他的钱，还有他随身带的火把。山洞如同一座地下迷宫，强盗庆幸自己有一个火把。他借着火把的光在洞中行走，他能看清脚下的石头，能看清周围的石壁。因此他不会碰壁，也不会被石头碰倒。但是，他走来走去就是走不出山洞。最终，他筋疲力尽后死去。

商人失去了一切，他在黑暗中摸索行走，十分艰辛。他不时碰壁，不时被石头绊倒。但是，正因为他置身于一片黑暗中，他的眼睛能敏锐地发现洞口透进的微光，他迎着这一缕微光爬行，最终逃离了山洞。

世间本没有绝对的强与弱，这与环境的优劣、际遇的好坏等都是息息相关的。就像强盗因光亮而死去，商人因黑暗而得以存活，不正是辩证的恰当诠释吗？

我们总喜欢追求完美，认为完美才能得到快乐和幸福，稍有缺憾，便想方设法去弥补，殊不知残缺也是一种美。

从前，有一个国王，他有七个女儿，这七位美丽的公主是国王的骄傲。她们都拥有一头乌黑亮丽的头发，所以国王送给她们每人一百个漂亮的发卡。

有一天早上，大公主醒来，一如往常地用发卡整理她的秀发，却发现少了一个发卡。于是她偷偷地到了二公主的房里，拿走了一个发卡；二公主发现少了一个发卡，便到三公主房里拿走一个发卡；三公主发现少了一个发卡，也偷偷地拿走四公主的一个发卡；四公主如法炮制拿走了五公主的发卡；五公主一样拿走了六公主的发卡；六公主只好拿走七公主的发卡。

于是，七公主的发卡只剩下九十九个。

隔天，邻国英俊的王子忽然来到皇宫，他对国王说："昨天我的百灵鸟叼回了一个发卡，我想这一定是属于公主们的，这真是一种奇妙的缘分，不晓得是哪位公主掉了发卡？"

公主们听到这件事，都在心里说："是我掉的，是我掉的。"可是头上明明完整地别着一百个发卡，所以心里都懊恼得很，却说不出。只有七公主走出来说："我掉了一个发卡。"话才说完，一头漂亮的长发因为少了一个发卡，全部披散下来，王子不由得看呆了。

故事的结局，自然是王子与七公主从此一起过着幸福快乐的日子。

生活中我们总为失去的东西而懊恼，而悔恨，但是，用辩证思维来思量一番，就会发现，一时的失去也许会换得长久的拥有，一丝的缺憾也许会得到更美好的生活。世间万事万物无不如此。

化劣势为优势

当身处劣势时，人们大多会有两种不同的表现。有的人一味抱怨，抱怨自己生不逢时，有才华却毫无用武之地；抱怨天公不作美，陷自己于困顿之中；另外一部分人会告诉你，按照辩证思维来思考，并不存在绝对的劣势，如果身处劣势，则会积极主动地寻找方法将它转化为优势。

下面这个故事中的小男孩就是将辩证思维巧妙地运用到了自己的生活中，并将自己所处的劣势转化成了优势。

有一个男孩在报上看到应征启事，正好是适合他的工作。第二天早上，当他准时前往应征地点时，发现应征队伍中已有20个男孩在排队。

男孩意识到自己已处于劣势了。如果在他前面有一个人能够打动老板，他就没有希望得到这份工作了。他认为自己应该动动脑筋，运用自身的智慧想办法解决困难。他不往消极面思考，而是认真用脑子去想，看看是否有办法解决。

他拿出一张纸，写了几行字，然后走出行列，并要求后面的男孩为他保留位子。他走到负责招聘的女秘书面前，很有礼貌地说："小姐，请你把这张纸交给老板，这件事很重要。谢谢你。"

若在平时，秘书会很自然地回绝这个请求。但是今天她没有这么做。因为她已经观察这些男孩有一阵子了，他们有的表现出心浮气躁，有的则冷漠高傲。而这个男孩一直神情愉悦，态度温和，礼貌有加，给她留下了深刻的印象。于是，她决定帮助他，便将纸条交给了老板。

老板打开纸条，见上面写着这样一句话：

"先生，我是排在第 21 号的男孩。在见到我之前请您不要做出决定，好吗？"

最后的结果可想而知，任何一位老板都会喜欢这种在遇到困难时开动脑筋，积极寻找解决办法的员工的。他已经有能力在短时间内抓住问题的核心，想办法转变自己的劣势，然后全力解决它，并尽力做好。这样的聪明员工，老板怎么会不用呢？

李嘉诚先生的成功经历中，有许多也都是在劣势中寻找方法，甚至逆潮流而上，最终将劣势转化为了优势。

1966 年底，低迷了近两年的香港房地产业开始复苏。

但就在此时，内地的"文化大革命"开始波及香港。1967 年，北京发生火烧英国代办处事件，香港掀起五月风暴。

"中共即将武力收复香港"的谣言四起，香港人心惶惶，触发了自第二次世界大战后的第一次大移民潮。

移民者自然以有钱人居多，他们纷纷贱价抛售物业。自然，新落成的楼宇无人问津，整个房地产市场卖多买少，有价无市。地产商、建筑商焦头烂额，一筹莫展。

李嘉诚在此次事件中显然也受到了重大影响。但他一直在关注、观察时势，经过深思熟虑，他毅然采取惊人之举：人弃我取，趁低吸纳。

李嘉诚在整个大势中逆流而行。

从宏观上看，他坚信世间事乱极则治、否极泰来。

就具体状况而言，他相信中国政府不会以武力收复香港。实际上道理很简单，若要收复，1949 年就可以收复，何必等到现在？当年保留香港，是考虑保留一条对外贸易的通道，现在的国际形势和香港的特殊地位并没有改变，因此，中国政府收复香港的可能性不大。

正是基于这样的分析，李嘉诚做出"人弃我取，趁低吸纳"的历史性战略决策，并且将此看作是千载难逢的拓展良机。

于是，在整个行市都在抛售的时候，李嘉诚不动声色地大量收购。

　　李嘉诚将买下的旧房翻新出租，又利用地产低潮建筑费低廉的良机，在地盘上兴建物业。李嘉诚的行为需要卓越的胆识和气魄。不少朋友为他的"冒险"捏了一把汗，同业的地产商都在等着看他的笑话。

　　这场战后最大的地产危机，一直延续到1969年。

　　1970年，香港百业复兴，地产市场转旺。这时，李嘉诚已经聚积了大量的收租物业。从最初的12万平方英尺，发展到35万平方英尺，每年的租金收入达390万港元。

　　李嘉诚成为这场地产大灾难的大赢家，并为他日后成为地产巨头奠定了基石。他在困境中逆流而上，勇于化劣势为优势的胆识与气魄也着实令人钦佩。

　　工作中，机会往往和困境是连在一起的，它们之间是辩证统一的关系。因此，虽然每个人都希望求取势能，但只有那些勇于开拓思路、积极寻找方法，谋得有利于发展的资源的人，才能成就大业。

扫码获取更多资源

第九章

换位思维

——站在对方位置，才能更清楚问题关键

换位思维的艺术

从前有一个老国王，他平时头脑很古怪，一天，老国王想把自己的王位传给两个儿子中的一个。他决定举行比赛，要求是这样的：谁的马跑得慢，谁就将继承王位。两个儿子都担心对方弄虚作假，使自己的马比实际跑得慢，就去请教宫廷的弄臣（中世纪宫廷内或贵族家中供人娱乐的人）。这位弄臣只用了两个字，就说出了确保比赛公正的方法。这两个字就是：对换。

所谓换位思维，就是设身处地将自己摆放在对方位置，用对方的视角看待世界。

在与他人的交往中，我们需要学会换位思维，设身处地为他人考虑，也就是我们常说的将心比心。换位思维可以使他人感受到你的爱心与

关怀，同时，也许会给你自己带来意想不到的好处。

英国的一个小镇上，有一位富有但孤单的老人准备出售他漂亮的房子，搬到疗养院去。

消息一传开，立刻有许多人登门造访，提出的房价高达 30 万美元。

这些人中有一个叫罗伊的小伙子，他刚刚大学毕业，没有多少收入。但他特别喜欢这所房子。

他悄悄打听了一下别人准备给出的价格，手里拿着仅有的 3000 美元，想着该如何让老人将房子卖给他而不是别人。

这时，罗伊想起一个老师说的话——找出卖方真正想要的东西给他。

他寻思许久，终于找到问题的关键点：老人最牵挂的事就是将不能在花园中散步了。

罗伊就跟老人商量说："如果你把房子卖给我，您仍能住在您的房子里而不必搬到疗养院去，每天您都可以在花园里散步，而我则会像照顾自己的爷爷一样照顾您。一切都像平常一样。"

听了这话，老人那张皱纹纵横的老脸，绽开了灿烂的笑容，笑容中，充满爱和惊喜，当即，老人与罗伊签下了合约，罗伊首付 3000 美元，之后每月付 500 美元。

老人很开心，他把整个屋子的古董家具都作为礼物送给了罗伊，并高兴地向大家宣布这所房子已经有了新的主人。

罗伊不可思议地赢得经济上的胜利，老人则赢得了快乐和与罗伊之间的亲密关系。

由上我们可以知道，换位思维除了感人之所感外，还要知人之所感，即对他人的处境感同身受，客观理解。

换位思维是在情感的自我感觉基础上发展起来的。首先要面对自己的情感。我们自己越是坦诚，研读他人的情绪感受也就越加准确。

每个人天生都会有一定程度的体察他人情感的敏感性。人如果没有这种敏感性，就会产生情感失聪。这种失聪会使人们在社交场合不能与人和谐相处，或是误解别人的情绪，或是说话不考虑时间场合，或是对别人的感受无动于衷。所有这些，都将破坏人际关系。

换位思维不仅对保持人与人之间的和睦关系非常重要，而且对任何与人打交道的工作来说，都是至关重要的。无论是搞销售，还是从事心理咨询，或给人治病以及在各行各业中从事领导工作，体察别人内心的换位思维都是取得优秀业绩的关键因素。

先站到对方的角度看问题

换位思维的一个显著的特征就是站在对方的角度看问题。这样，我们将得到一个崭新的视角，这有利于问题的有效解决。

著名的牧师约翰·古德诺在他的著作《如何把人变成黄金》中举了这样一个例子。

多年来，作为消遣，我常常在距家不远的公园散步、骑马，我很喜欢橡树，所以每当我看见小橡树和灌木被不小心引起的火烧死，就非常痛心，这些火不是由粗心的吸烟者引起，它们大多是那些到公园里体验土著人生活的游人所引起，他们在树下烹饪而烧着了树。火势有时候很猛，需要消防队才能扑灭。

在公园边上有一个布告牌警告说：凡引起火灾的人会被罚款甚至拘禁。

但是这个布告竖在一个人们很难看到的地方，尤其儿童更是很难看到它。虽然有一位骑马的警察负责保护公园，但他很不尽职，火仍然常常蔓延。

有一次，我跑到一个警察那里，告诉他有一处着火了，而且蔓延很快，我要求他通知消防队，他却冷淡地回答说，那不是他的事，因为不在他的管辖区域内。我急了，所以从那以后，当我骑马出去的时候，我担任自己委任的"单人委员会"的委员，保护公共场所。每当看见树下着火，我非常着急。最初，我警告那些小孩子，引火可能被拘禁，我用权威的口气，命令他们把火扑灭。如果他们拒绝，我就恫吓他们，要将他们送到警察局——我在发泄我的反感。

结果呢？儿童们当面顺从了，满怀反感地顺从了。在我消失在山后边时，他们重新点火。让火烧得更旺——希望把全部树木烧光。

这样的事情发生多了，我慢慢教会自己多掌握一点人际关系的知识，用一点手段，一点从对方立场看事情的方法。

于是我不再下命令，我骑马到火堆前，开始这样说：

"孩子们，很高兴吧？你们在做什么晚餐？……当我是一个小孩子时，我也喜欢生火玩儿，我现在也还喜欢。但你们知道在这个公园里，火是很危险的，我知道你们没有恶意，但别的孩子们就不同了，他们看见你们生火，他们也会生一大堆火，回家的时候也不扑灭，让火在干叶中蔓延，伤害了树木。如果我们再不小心，不仅这儿没有树了。而且，你们可能被拘入狱，所以，希望你们懂得这个道理，今后注意点。其实我很喜欢看你们玩耍，但是那很危险……"

这种说法产生了很大效果。儿童们乐意合作，没有怨恨，没有反感。他们没有被强制服从命令，他们觉得好，古德诺也觉得好。因为他考虑了孩子们的观点——他们要的是生火玩儿，而他达到了自己的目的——不发生火灾，不毁坏树木。

站在对方的角度看问题，往往可以使我们更清晰地了解对方的处境，也可以使对方更真切地感受到我们的关怀，促进事情的顺利发展。

被誉为世界上最伟大的推销员的乔·吉拉德是一个善于站在对方角度考虑问题的人，这一特点也是成就他的推销神话的秘密之一。

曾经有一次一位中年妇女走进乔·吉拉德的展销室，说她想在这儿看看车打发一会儿时间。闲谈中，她告诉乔·吉拉德她想买一辆白色的福特车，就像她表姐开的那辆一样，但对面福特车行的推销员让她过一小时后再去，所以她就先来这儿看看。她还说这是她送给自己的生日礼物："今天是我55岁生日。"

"生日快乐！夫人。"乔·吉拉德一边说，一边请她进来随便看看，接着出去交代了一下，然后回来对她说："夫人，您喜欢白色车，既然您现在有时间，我给您介绍一下我们的双门式轿车——也是白色的。"

他们正谈着，女秘书走了进来，递给乔·吉拉德一束玫瑰花。乔·吉拉德把花送给那位夫人："祝您生日快乐，尊敬的夫人。"

显然她很受感动，眼眶都湿了。"已经很久没有人给我送礼物了。"她说，"刚才那位福特推销员一定是看我开了部旧车，以为我买不起新车，我刚要看车他却说要去收一笔款，于是我就上这儿来等他。其实我只是想要一辆白色车而已，只不过表姐的车是福特，所以我也想买福特。现在想想，不买福特也可以。"

最后她在乔·吉拉德这儿买走了一辆雪佛莱，并写了一张全额支票，其实从头到尾乔·吉拉德的言语中都没有劝她放弃福特而买雪佛莱的词句。只是因为吉拉德对她的关心使她感觉受到了重视，契合了这位妇女当时的心理，于是她放弃了原来的打算，转而选择了乔·吉拉德的产品。

上面两则故事告诉了我们这样一个道理：无论是面对什么样的人，解决什么样的问题，都要努力做到站在对方的角度看问题，这样，说出的话、提出的解决方案才能迎合对方的心理，使事情的进展更加顺利。

换位可以使说服更有效

换位可以使说服更有效。换位思维可以洞察对方的心理需求，便于及时地调整自己，挖掘自己与对方的相同点，使谈话的氛围更轻松，在不知不觉中使对方认同自己的观点。

让我们先来看一看发生在古代的一个成功说服他人的真实故事。

赵太后刚刚执政，秦国就急忙进攻赵国。赵太后向齐国求救。齐国说："一定要用长安君来做人质，援兵才能派出。"赵太后不肯答应，大臣们极力劝谏。太后公开对左右近臣说："有谁敢再说让长安君去做人质，我一定唾他！"

左师公触龙愿意去见太后。太后气冲冲地等着他。触龙做出快步走的姿势，慢慢地挪动着脚步，到了太后面前谢罪说："老臣脚有毛病，竟不能快跑，很久没来看您了。我私下原谅自己呢，又总担心太后的贵体有什么不舒适，所以想来看望您。"太后说："我全靠坐辇车走动。"触龙问："您每天的饮食该不会减少吧？"太后说："吃点稀粥罢了。"触龙说："我近来很不想吃东西，自己却勉强走走，每天走上三四里，就慢慢地稍微增加点食欲，身上也比较舒适了。"太后说："我做不到。"太后的怒色稍微消解了些。

左师说："我的儿子舒祺，年龄最小，不成才；而我又老了，私下疼爱他，希望能让他递补上黑衣卫士的空额，来保卫王宫。我冒着死罪禀告太后。"太后说："可以。年龄多大了？"触龙说："十五岁了。虽然还小，希望趁我还没入土就托付给您。"太后说："你们男人也疼爱小儿子吗？"触龙说："比妇人还厉害。"太后笑着说："妇人更厉害。"触龙回答说："我私下认为，您疼爱燕后就超过了疼爱长安君。"太后说："您错了！不像疼爱长安君那样厉害。"左师公说："父母疼爱子女，就得为他们考虑长远些。您送燕后出嫁的时候，摸着她的脚后跟哭泣，这是惦念并伤心她嫁到远方，也够可怜的了。她出嫁以后，您也并不是不想念她，可您祭祀时，一定为她祷告说：'千万不要被赶回来啊。'难道这不是为她作长远打算，希望她生育子孙，一代一代地做国君吗？"太后说："是这样。"

左师公说："从这一辈往上推到三代以前，一直到赵国建立的时候，赵王被封侯的子孙的后继人有还在的吗？"赵太后说："没有。"触龙说："不光是赵国，其他诸侯国君的被封侯的子孙，他们的后人还有在的吗？"赵太后说："我没听说过。"左师公说："他们当中祸患来得早的就降临到自己头上，祸患来得晚的就降临到子孙头上。难道国君的子孙就一定不好吗？这是因为他们地位高而没有功勋，俸禄丰厚而没有功绩，占有的珍宝却太多了啊！现在您把长安君的地位提得很高，又封给他肥沃的土地，给他很多珍宝，而不趁现在这个时机让他为国立功，一旦您百年之后，长安君凭什么在赵国站住脚呢？我觉得您为长安君打算得太短了，因此我认为您疼爱他不如疼爱燕后。"太后说："好吧，任凭您指派他吧。"

于是太后就替长安君准备了一百辆车子，送他到齐国去做人质。齐国的救兵才出动。

这的确是令人叹为观止的"移情——换位"的典范。触龙通过换位思维，成功地将赵太后说服，可谓深知换位之魅力。

现实生活中，我们经常需要说服他人。说服就是使他人认同自己的观点和想法，以成功达到自己的目的。

在销售过程中，利用换位思维与顾客建立和谐关系是很重要的，换位思维重要目的是让顾客喜欢你、信赖你，并且相信你的所作所为是为了他们的最佳利益着想，使说服工作更容易进行。

下面就是一则在工作中善用换位思维的推销员的故事。

有一次，程亮到一位客户家里推销，接待他的是这家的家庭主妇。程亮第一句话："哟，您就是女主人啊！您真年轻，实在看不出已经有孩子了。"

女主人说："咳，你没看见，快把我累垮了，带孩子真累人。"

程亮说："那是，在家我妻子也老抱怨我，说我一天到晚在外面跑，一点也不尽当爸爸的责任，把孩子全留给她了。"

女主人深表同情地说："就是嘛，你们男人就知道在外面混。"

程亮跟着说："孩子几岁了？真漂亮！快上幼儿园了吧？"

"是呀，今年下半年上幼儿园。"

"挺伶俐的，怪可爱的，孩子慢慢长大，他们的教育与成长就成为我们做大人最关心的事情了，谁不望子成龙，望女成凤，我每隔一段时间就会买些这样的磁带放给他们听。"

说着，程亮就取出了他所推销的商品——幼儿音乐磁带，没想到女主人想都没多想，就问："一共多少钱？"毫不犹豫地就买了一套。

程亮轻松地说服了客户，妙处就在于他一直站在客户的立场看待问题，很自然地引出客户所需，并适时奉上自己的商品。这时，客户并不感觉自己被推销员说服了，而是自己需要购买，交易就这样顺利达成了。

一般来说，善于说服他人的人，都是善于揣摩他人心理的人。要说服他人，就得让对方觉得自己被接受、被了解，让人觉得你将心比心，善解人意。人的内心情感可以在他的举止、言谈中流露出来，但正如浮在水面之上的冰山只占总体积的 10% 一样，人的情绪的 90% 是我们的肉眼看不到的。这就要求我们去深入了解对方的内心世界，加以观察体会，细心揣摩，并采取适当的行动来满足对方的需要，建立信任感，从而使说服更有成果更有效率。只有在满足别人需要的前提下，才能达到自己的目的，获得双赢。

可见，说服他人的第一关就是要进行换位思维，在了解自己的需要基础上，站在对方的立场，揣摩对方的心理，体会对方的需求。只有这样，你才知道自己能够放弃什么和不能放弃什么，所谓知己知彼，方能百战百胜。否则，被说服的对象很可能就是你自己。

进行换位思考的时候，切忌情绪化，发怒、过于激动、过于高兴、伤感的情绪都会使你不能有效地思考，从而削弱你的判断能力，使换位思维无法真正到位。

说服是鼓动而不是操纵，最好的说服是使对方认为这就是他们的想法。关键的一点就是通过换位思维，发现对方的心理需求后，及时地调整自己，挖掘自己与对方的相同点，因为人们一般都倾向于喜欢和认同与自己类似的人，这样，说服工作就可能更深入了一步。

春秋时期纵横家鬼谷子就很好地为我们总结了说服他人的道理：跟智慧的人说话，要靠渊博；跟高贵的人说话，要靠气势；跟笨拙的人说话，要靠详辩；跟善辩的人说话，要靠扼要；跟富有的人说话，要靠高雅；跟贫贱的人说话，要靠谦敬；跟勇敢的人说话，要靠勇敢；跟有过失的人说话，要靠鼓励。

而这一切的前提和关键都是必须进行换位思维，只有在揣摩清楚对方的心理后才能达到说服的目的。

固执己见是造成人生劣势的主要原因

在一个池塘边生活着两只青蛙，一绿一黄。绿青蛙经常到稻田里觅食害虫，黄青蛙却经常悠闲地躲在路边的草丛中闭目养神。

有一天黄青蛙正在草丛中睡大觉，突然听到有人叫："老弟，老弟。"它懒洋洋地睁开眼睛，发现是田里的绿青蛙。

"你在这里太危险了，搬来跟我住吧！"田里的绿青蛙关切地说，"到田里来，每天都可以吃到昆虫，不但可以填饱肚子，而且还能为庄稼除害，况且也不会有什么危险。"

路边的青蛙不耐烦地说："我已经习惯了，干吗要费神地搬到田里去？我懒得动！况且，路边一样也有昆虫吃。"

田里的青蛙无可奈何地走了。几天后，它又去探望路边的伙伴，却发现路边的黄青蛙已被车子轧死了，暴尸在马路上。

很多灾难与不测都是因为我们固执己见而不注意听从别人的意见造成的，举手之劳的事情却不愿为之，就注定要为此付出沉重的代价。

固执就是思维的僵化、教条。换位思维要求我们学会从各个不同的角度全面研究问题，抛开无谓的固执，冷静地用开放的心胸作正确的抉择。

那个固执的青蛙企图仅凭一成不变的哲学，固执己见地想强度人生所有的关卡，显然是行不通的。它忘了在人生的每一次关键时刻，应随时检查自己选择的方向是否产生偏差；忘了应该适时地进行调整，更谈不上审慎地运用智慧，做出适当的抉择。可以说，生活中很多人都像那只路边的青蛙一样，不喜欢改变，喜欢固执己见，死守一成不变的思维模式，并在这种模式中不断地自我消耗、自我衰退。

当然，不要固执己见，并不意味着我们必须全盘放弃自己的执着，但并不排除在意念上作合理的修正，以做到无所偏执。

真正的改变也不只是从 A 点到 B 点，或从 B 点再到 C 点，事实上，每一个改变若不是发自内心对自我的了解，很多时候，那些改变也是徒劳无功的。所以真正尝试改变，需要的是我们对自己的了解、对内心世界那份价值的追求与渴望，有明确的认知之后再做新的调整与修正，才是真改变。而且，这一路走来，每一个工作、每一次历练、每一回合的挑战都是弥足珍贵的。

每一个人现在所处的境况，正是以往自己所保持的态度造成的。如果想改变未来的生活，使之更加顺畅，必须得先改变此时的态度。坚持错误的观念，固执不愿改变，恐怕再多的努力，也只能是枉然。应该说，安于现状，固守己见，是造成人生劣势的主要原因之一，而勇于突破自我的思考习惯，不再让自己停留在熟悉而危险的现况中，让自我更健全，更有应对力，才能真正拯救自己，完成人生的大业。

莫要囿于己见，多听听周围不同的声音，设法接受完全和自己想法抵触的见解，看看事物在不一样的角度之下所呈现出来的不同感觉，突破自己一成不变的想法，用新的眼光来看待这个世界和这个世界里的人，以及发生的事情，给自己一个好的改变，这才是真正的换位思维，才是获取快乐的创新视角。

己所不欲，勿施于人

"己所不欲，勿施于人"是换位思维的一个核心理念，当我们能切身地领悟到这种境界时，有许多不理解的事都会豁然开朗。

当你做错了一件事，或是遇到挫折时，你是期望你的朋友说一些安慰、鼓励的话，还是希望他们泼冷水呢？也许你会说："这不是废话吗，谁会希望别人泼冷水呢？"可是，当你对别人泼冷水时，可曾注意到别人也有同样的想法？事实上，很多人都没有注意到这一点。

美国《读者文摘》上发表过一篇名为《第六枚戒指》的故事，很形象地说明换位思考给我们心灵带来的震动。

美国经济大萧条时期，有一位姑娘好不容易找到了一份在高级珠宝店当售货员的工作。在圣诞节的前一天，店里来了一个30岁左右的男性顾客，他衣着破旧，满脸哀愁，用一种不可企及的目光，盯着那些高级首饰。

这时，姑娘去接电话，一不小心把一个碟子碰翻，6枚精美绝伦的戒指落到地上。她慌忙去捡，却只捡到了5枚，第6枚戒指怎么也找不着了。这时，她看到那个30岁左右的男子正向门口走去，顿时意识到戒指被他拿去了。当男子的手将要触及门把手时，她柔声叫道："对不起，先生！"那男子转过身来，两人相视无言，足有几十秒。"什么事？"男人问，脸上的肌肉在抽搐，他再次问："什么事？""先生，这是我头一回工作，现在找个工作很难，想必你也深有体会，是不是？"姑娘神色黯然地说。

男子久久地审视着她，终于一丝微笑浮现在他的脸上。他说："是的，确实如此。但是我能肯定，你在这里会干得不错。我可以为你祝福吗？"他向前一步，把手伸给姑娘。"谢谢你的祝福。"姑娘也伸出手，两只手紧紧地握在一起，姑娘用十分柔和的声音说："我也祝你好运！"

男子转过身，走向门口，姑娘目送他的背影消失在门外，转身走到柜台，把手中的第6枚戒指放回原处。

己所不欲，勿施于人的道理更说明这样一个事实，那就是善待别人，也就是善待自己。可以说，任何一种真诚而博大的爱都会在现实中得到应有的回报。在我们运用换位思维的时候，当我们真诚地考虑到对方的感受和需求而多一分理解和委婉时，意想不到的回报便会悄然而至。

多年以前，在荷兰一个小渔村里，一个勇敢的少年以自己的实际行动使全村人懂得了为他人着想也就是为自己着想的道理。

由于全村的人都以打鱼为生，为了应对突发海难，人们自发组建了一支紧急救援队。

一个漆黑的夜晚，海面上乌云翻滚，狂风怒吼，巨浪掀翻了一艘渔船，船员的生命危在旦夕。他们发出了SOS的求救信号。村里的紧急救援队收到求救信号后，火速召集志愿队员，乘着划艇，冲入了汹涌的海浪中。

全村人都聚集在海边，翘首眺望着云谲波诡的海面，人们都举着一盏提灯，为救援队照亮返回的路。

一个小时之后，救援队的划艇终于冲破浓雾，乘风破浪，向岸边驶来。村民们喜出望外，欢呼着跑上前去迎接。

但救援队的队长却告知：由于救援艇容量有限，无法搭载所有遇险人员，无奈只得留下其中的一个人，否则救援艇就会翻覆，那样所有的人都活不了。

刚才还欢欣鼓舞的人们顿时安静了下来，才落下的心又悬到了嗓子眼儿，人们又陷入了慌乱与不安中。这时，救援队队长开始组织另一批队员前去搭救那个最后留下来的人。16岁的汉斯自告奋勇地报了名。

但他的母亲忙抓住了他的胳膊，用颤抖的声音说："汉斯，你不要去。10年前，你父亲就是在海难中丧生的，而一个星期前，你的哥哥保罗出了海，可是到现在连一点消息也没有。孩子，你现在是我唯一的依靠了，求求你千万不要去。"

看着母亲那日见憔悴的面容和近乎乞求的眼神，汉斯心头一酸，泪水在眼中直打转，但他强忍住没让它流下来。

"妈妈，我必须去！"他坚定地答道，"妈妈，你想想，如果我们每个人都说：'我不能去，让别人去吧！'那情况将会怎样呢？假如我是那个不幸的人，妈妈，你是不是也希望有人愿意来搭救我呢？妈妈，你让我去吧，这是我的责任。"汉斯张开双臂，紧紧地拥吻了一下他的母亲，然后义无反顾地登上了救援队的划艇，冲入无边无际的黑暗之中。

10分钟过去了，20分钟过去了……一个小时过去了。这一个小时，对忧心忡忡的汉斯的母亲来说，真是太漫长了。终于，救援艇再次冲破迷雾，出现在人们的视野中。岸上的人群再一次沸腾了。

靠近岸边时，汉斯高兴地大声喊道："我们找到他了，队长。请你告诉我妈妈，他就是我的哥哥——保罗。"

这就是人生的报偿。

"己所不欲，勿施于人"，就是将自己想要的东西给予别人，自己需要帮助，就给别人帮助，自己需要关心，就给别人以爱心，当我们真心付出时，回报也就随之而来了。

用换位思维使自己摆脱窘境

1956 年在苏联共产党第二十次代表大会上，赫鲁晓夫作了"秘密报告"，揭露、批评了斯大林肃反扩大化等一系列错误，引起苏联人及世界各国的强烈反响，大家议论纷纷。

由于赫鲁晓夫曾经是斯大林非常信任和器重的人，很多苏联人都怀有疑问：既然你早就认识到了斯大林的错误，那么你为什么早先从来没有提出过不同意见？你当时干什么去了？你有没有参与这些错误行动？

有一次，在党的代表大会上，赫鲁晓夫再次批判斯大林的错误，这时，有人从听众席上递来一张条子。赫鲁晓夫打开一看，上面写着："那时候你在哪里？"

这是一个非常尖锐的问题，赫鲁晓夫的脸上很难堪。他很难做出回答，但他又不能回避这个问题，更无法隐瞒这个条子，这样会使他丢面子，失去威信，让人觉得他没有勇气面对现实。他也知道，许多人有着同样的问题，更何况，这会儿台下成千双眼睛已盯着他手里的那张纸条，等着他念出来。

赫鲁晓夫沉思了片刻，拿起条子，通过扩音器大声念了一遍条子上的内容，然后望着台下，大声喊道：

"谁写的这张条子，请你马上从座位上站起来，走上台。"

没有人站起来，所有的人心都"怦怦"地跳，不知赫鲁晓夫要干什么。写条子的人更是忐忑不安，后悔刚才的举动，想着一旦被查出来会有什么结果。

赫鲁晓夫重复了一遍他的话，请写条子的人站出来。

全场仍死一般的沉寂，大家都等着赫鲁晓夫的爆发。

几分钟过去了，赫鲁晓夫平静地说："好吧，我告诉你，我当时就坐在你现在的那个地方。"

面对当众提出的尖锐问题，赫鲁晓夫不能不讲真话。但是，如果他直接承认"当时我没有胆量批评斯大林"，势必会大大伤了自己的面子，也不符合一个有权威的领导人的身份。于是赫鲁晓夫巧妙地运用换位思维，即席创造出一个场面，借这个众人皆知其含义的场景来含蓄地给出自己的答案。这种回答既不损害自己的威望，也不让听众觉得他在文过饰非。

无独有偶，拿破仑也曾用这种方法为自己解了围。

拿破仑入侵俄国期间，有一回，他的部队在一个十分荒凉的小镇上作战。

当时，拿破仑意外地与他的军队脱离，一群俄国哥萨克士兵盯上他，在弯曲的街道上追逐他。慌忙逃命之中，拿破仑潜入僻巷一个毛皮商的家。当拿破仑气喘吁吁地逃入店内时，他连连哀求那毛皮商："救救我，救救我！快把我藏起来！"

毛皮商就把拿破仑藏到了角落的一堆毛皮底下，刚安排完，哥萨克人就冲到了门口，他们大喊："他在哪里？我们看见他跑进来了！"

哥萨克士兵不顾毛皮商的抗议，把店里给翻得乱七八糟，想找到拿破仑。他们将剑刺入毛皮内，还是没有发现目标。最后，他们只好放弃搜查，悻悻离开。

过了一会儿，当拿破仑的贴身侍卫赶来时，毫发无损的拿破仑这才从那堆毛皮下钻出来，这时，毛皮商诚惶诚恐地问拿破仑："阁下，请原谅我冒昧地对您这个伟人问一个问题：刚才您躲在毛皮下时，知道可能面临最后一刻，您能否告诉我，那是什么样的感觉？"

谁都可以想象得到，方才的一幕有多么惊心动魄，但是，拿破仑作为一国首领，他无法在自己的士兵面前表现出胆怯，也就无法将自己的感受用语言告诉毛皮商。于是，拿破仑站稳身子，愤怒地回答："你，胆敢对拿破仑皇帝问这样的问题？卫兵，将这个不知好歹的家伙给我推出去，蒙住眼睛，毙了他！我，本人，将亲自下达枪决令！"

卫兵捉住那可怜的毛皮商，将他拖到外面面壁而立。

被蒙上双眼的毛皮商看不见任何东西，但是他可以听到卫兵的动静，当卫兵们排成一列，举枪准备射击时，毛皮商甚至可以听见自己的衣服在冷风中簌簌作响。他感觉到寒风正轻轻拉着他的衣襟、冷却他的脸颊，他的双腿不由自主地颤抖着，接着，他听见拿破仑清清喉咙，慢慢地喊着："预备——瞄准——"那一刻，毛皮商知道这一切无关痛痒的感伤都将永远离他而去，而眼泪流到脸颊时，一股难以形容的感觉自他身上泉涌而出。

经过一段漫长的死寂，毛皮商人忽然听到有脚步声靠近他，他的眼罩被解了下来——突如其来的阳光使得他视觉半盲，他还是能感觉到拿破仑的目光深深地又故意地刺进他的眼睛，似乎想洞察他灵魂里的每一个角落，后来，他听见拿破仑轻柔地说："现在，你知道了吧？"

运用换位思维，要求我们在交际僵局出现时，把角色"互换"一下，这样，就很可能轻松打破僵局，为自己争取主动。让对方坐在自己的椅子上，对事物之间的位置关系进行互换，就能把烫手的山芋抛给别人。

为对方着想，替自己打算

换位思维的行为主旨之一就是为对方着想。在生活中，若遇到只为自己的利益着想的人，我们常常会说这个人自私，鄙视其为人，自然就会很少与其来往。相反，若遇到的是一个能为他人着想的人，我们常常会敬佩其为人，也很乐意与他来往。思己及人，为了创建一个良好的人际交往环境，我们应该尽可能地为对方着想。

倘若期望与人缔结长久的友谊，彼此都应该为对方着想。钓不同的鱼，投放不同的饵。卡耐基说："每年夏天，我都去梅恩钓鱼。以我自己来说，我喜欢吃杨梅和奶油，可是我看出由于若干特殊的理由，鱼更爱吃小虫。所以当我去钓鱼的时候，我不想我所要的，而想鱼儿所需要的。我不以杨梅或奶油作为钓饵，而是在鱼钩上挂上一条小虫或是一只蚱蜢，放入水里，向鱼儿说：你喜欢吃吗？"

如果你希望拥有完美交际，你为什么不采用卡耐基的方法去"钓"一个个的人呢？

依特·乔琪，美国独立战争时期的一个高级将领，战后依旧宝刀不老，雄踞高位，于是有人问他："很多战时的领袖现在都退休了，你为什么还身居高位呢？"

他是这样回答的："如果希望官居高位，那么就应该学会钓鱼。钓鱼给了我很大的启示，从鱼儿的愿望出发，放对了鱼饵，鱼儿才会上钩，这是再简单不过的道理。不同的鱼要使用不同的钓饵，如果你一厢情愿，长期使用一种鱼饵去钓不同的鱼，你一定会劳而无功的。"

这的确是经验之谈，是智慧的总结。总是想着自己，不顾别人的死活，不管对方的感受，心中只有"我"，是不可能拥有完美的人际关系的。

为什么有些人总是"我"字当头呢？这是孩子的想法，不近情理的作为，是长不大的表现。你只要认真地观察一下孩子，你就会发现孩子那种"我"字当头的本性。当然，一个人如果完全不注意自己的需要，那是不可能的，也是不实际的。因此，注意你自己的需要，这是可以理解的，可是如果你信奉"人不为己，天诛地灭"，变成了一个十足的利己主义者，那么，你就会对他人漠不关心，难道还希望他人对你关怀备至吗？

卡耐基说，世界上唯一能够影响对方的方法，就是时刻关心对方的需要，并且还要想方设法满足对方的这种需要。在与对方谈论他的需要时，你最好真诚地告诉对方如何才能达到目的。

有一次，爱默生和他的儿子，要把一头小牛赶进牛棚里去，可是父子俩都犯了一个常识性的错误，他们只想到自己所需要的，没有想到那头小牛所需要的。爱默生在后面推，儿子在前面拉。可是那头小牛也跟他们父子一样，也只想自己所想要的，所以挺起四腿，拒绝离开草地。

这种情形被旁边的一个爱尔兰女佣看到了。这个女佣不会写书，也不会做文章，可是至少在这次，她懂得牲口的感受和习性，她想到这头小牛所需要的。只见这个女用人把自己的拇指放进小牛的嘴里，让小牛吮吸拇指，女佣使用很温和的方法把这头倔强的小牛引进了牛棚里。

这些道理都是最浅显而明白的，任何人都能够获得这种技巧。可是这种"只想自己"的习惯也不是很容易改变的，因为你自从来到这个世界上，你所有的举动、出发点都是为了你自己。

亨利·福特说："如果你想拥有一个永远成功的秘诀，那么这个秘诀就是站在对方的立场上考虑问题——这个立场是对方感觉到的，但不一定是真实的。"

这是一种能力，而这种能力就是你获得成功的技巧。

不把自己的意志强加于人

有一位牧师和一个屠夫的交情很不错。他们有空就一起聊天钓鱼。屠夫是个酒鬼，但牧师在他面前从不谈饮酒方面的事。亲友们多次规劝屠夫戒酒，有的说："再这样下去，会喝烂你的心肺！"还有的说："嗜酒如命，定会自毙！"然而无论怎样劝说都没有用。于是便请牧师帮忙，可是牧师不肯，他只是和屠夫继续往来。

有一天，屠夫到牧师那里去，流着泪说："我儿子刚才对我说，他有两样东西不喜欢——一是落水狗，二是酒鬼，因为都有一身的臭味。你肯帮助酒鬼吗？"

牧师等待这一天已经很久了，于是他和一位医生共同协助屠夫将酒戒了。"15年来他滴酒不沾。"牧师说，"有一次我问他：'你为什么不要别人帮助而来求助于我？'他说：'因为只有你从来没有逼过我。'"

在人与人的相处中，总会出现各种各样的差异，此时，应该多用换位思维来思考，分析对方的态度和处境，而不应将自己的意志强加于人，那样，只会造成对方的抵触和误解。

《如何使人们变得高贵》一书中说："把你对自己事情的高度兴趣，跟你对其他事情的漠不关心做个比较。那么，你就会明白，世界上其他人也正是抱着这种态度。"这就是：要想与人相处，成功与否全在于你有无偏见，能不能以同情的心理理解别人的观点。

偏见往往会使一方伤害另一方，如果另一方耿耿于怀，那关系就无法融洽。反之，受损害的一方具有很大的度量，能从大局出发，这样会使原先持偏见者在感情上受到震动，导致他转变偏见，正确待人。

一个年轻人的妻子近来变得忧郁、沮丧，常为一些小事对他吵吵嚷嚷，甚至打骂孩子。他无可奈何之下只好躲到办公室，不想回家。

有位经验丰富的长者见他这样就问他最近是否与妻子争吵过，年轻人回答说："为装饰房间争吵过。我爱好艺术，远比妻子更懂得色彩，我们特别为卧室的颜色大吵了一架，我想漆的颜色，她就是不同意，我也不肯让步。"

长者又问："如果她说你的办公室布置得不好，把它重新布置一遍，你又如何想呢？"

"我绝不能容忍这样的事。"青年回答说。

长者却解释说："办公室是你的权力范围，而家庭以及家里的东西则是你妻子的权力范围，若按照你的想法去布置'她的'厨房，那她就会和你刚才一样感觉受到侵犯似的。在布置住房上，双方意见一致最好，不能用苛刻的标准去要求她，要商量，妻子就应有否决权。"

年轻人恍然大悟，回家对妻子说："一位长者开导了我，我百分之百地错了，我不该把我的意志强加于你。现在我想通了，你喜欢怎样布置房间就怎样布置吧，这是你的权力，随你的便吧。"妻子听后非常感动，两人言归于好。

夫妻生活也和其他人际关系一样，对那些不尽如人意的地方，只有采取换位思维，给对方理解和尊重才能有助于矛盾的解决。世界本来就很复杂，什么样的人都有，什么样的思想都有。如果你事事要求别人按你的想法去做，那只能失去朋友，自己堵住自己的路。

积极主动地适应对方

人不可能总是生活在同一个环境中，即使是生活在同一个环境中，环境也会时常发生变化，如果不会适应环境的变化或者适应新环境，就只能归于失败。

换位思维法告诉我们不仅要时刻替别人着想，还要积极主动地去适应环境，适应周围的人。

假如你想去东北开个菜馆，你可以不全卖东北菜，但最起码的东北四大炖菜你要保留，并且一定要请当地人做菜，假如你想靠徽菜或粤菜以及川菜在东北站稳脚跟，那将是比较困难的。因为东北人最爱吃的就是炖菜，哪怕是东北乱炖也比你那精工细作的佳肴更符合当地人的口味。另外，再加上东北人炖菜实惠，而南方菜系讲究味道，分量较少，自然难以被东北人接受。而且，因为东北人豪爽、讲义气，所以你只要服务态度好，他下次肯定还会光顾你的菜馆，而假若你态度太差，即使给予他一定的打折，他也未必再来，因为他会认为你不够义气。

同样道理，你要想在四川开菜馆，假若川菜不十分拿手的话，你一定会亏得血本无归。由此可见，适应环境和适应别人多么重要。

所以，无论在社会上还是在家里，我们不能只关注自己而忽视对方。很多时候，我们应该积极主动地适应对方。

一对小夫妻常为吃梨子发生争吵。妻子怕皮上沾了农药有毒，一定要把果皮削掉，而丈夫则认为果皮有营养，把皮削掉太可惜。因为他们常吃梨子，所以也就常争吵。

有一次，这对小夫妻争吵时，被他们的老师遇上了。老师了解实际情况后对那位妻子说，"你先生这么多年都吃未削皮的梨子，身体还很健康，你担心什么？"老师又对那位丈夫说："你太太不吃皮，你嫌她浪费，那你就把她削的果皮拿去吃了，不就没有事了？"

夫妻二人听着听着低下了头。

老师接着说："由于不同的家庭环境以及不同成长过程的影响，每个人的生活习惯会有所不同，因此，你们不要勉强对方来认同自己的习惯，同时你们也要体谅和适应对方的习惯。"

听了这几句话，夫妻二人恍然大悟。

他们悟到了什么？自然是人与人之间要多为对方着想，互相体谅和适应。人和人之间的关系是一个从不适应到适应、从矛盾到和谐的过程，痛苦过后，你会获得进步。

适应对方要主动，不能总靠别人来提醒。如你为了让别人能够听到你的声音，刻意提高说话的音调，这时候为了避免对方的误会，以为你在生他们的气，你可以先简单地说明这么大声吼的原因，并为此事先道歉。人们可能因为你不适宜的举止而迁怒于你，但也会因为你彬彬有礼的态度而原谅你。

先天的缺陷可以在后天通过自我修养补回来。只要你愿意改变自己，你就一定做得到。

以下是换位思考的一些经验之谈：

(1) 不要太执着，执着于一点往往失去全部。要把眼光放大、放远、放开，要能放得下，才能提得起。

(2) 做人要谦虚，所谓"满招损，谦受益"。太自满、太傲慢会让人看不起，谦虚的人才会受到尊敬。

(3) 不能只为自己而活，不要处处只为自己着想。常想想别人，才能为人所接纳。

(4) 人生苦短，不要让生命充塞太多的忧郁、伤感，要让欢乐、喜悦常驻心头，并且影响他人。

对面的风景未必好

有一条河隔开了两岸，此岸住着凡夫俗子，彼岸住着僧人。凡夫俗子们看到僧人们每天无忧无虑，只是诵经撞钟，十分羡慕；僧人们看到凡夫俗子每天日出而作、日落而息，也十分向往那样的生活。日子久了，他们都各自在心中渴望着——到对岸去。

终于有一天，凡夫俗子们和僧人们达成了协议，彼此到了对岸。于是，凡夫俗子们过起了僧人的生活，僧人们过上了凡夫俗子的日子。

没过多久，成了僧人的凡夫俗子们就发现，原来僧人的日子并不好过，悠闲自在的日子只会让他们感到无所适从，便又怀念起以前当凡夫俗子的生活来。

成了凡夫俗子的僧人们也体会到，他们根本无法忍受世间的种种烦恼、辛劳、困惑，于是也想起做和尚的种种好处。

又过了一段日子，他们各自心中又开始渴望着到对岸去。

生活中，许多人都会有这样的心理——对面的风景比这里好，于是羡慕别人的快乐与幸福，甚至陷入嫉妒的苦海之中。

有一句话说得很好：白天不懂夜的黑。没有切身的感受，通常很难理解对方的处境和心理。这时，若能用换位思维来思考问题，即使不是真正地设身处地，想必也可以感同身受了。

欧洲某国一位著名的女高音歌唱家，仅仅 30 岁就已经红得发紫，誉满全球，而且郎君如意，家庭美满。一次，她到邻国开独唱音乐会，入场券早在一个月以前就被抢购一空。当晚的演出也受到极为热烈的欢迎。演出结束后，歌唱家和丈夫、儿子从剧场里走出来的时候，一下子被早已等候在那里的观众团团围住。

人们七嘴八舌地与歌唱家攀谈着，其中不乏赞美和羡慕之词。

有的人恭维歌唱家大学刚刚毕业就开始走红，进入了国家级的歌剧院，扮演主要角色；有的人恭维歌唱家 25 岁时就被评为世界十大女高音歌唱家之一；也有的人恭维歌唱家有个腰缠万贯的某大公司老板做丈夫，而膝下又有个活泼可爱脸上总带着微笑的儿子。

在人们议论的时候，歌唱家只是在听，并没有表示什么。她等人们把话说完以后，才缓缓地说："我首先要谢谢大家对我和我的家人的赞美，我希望在这些方面能够和你们共享快乐。但是，你们看到的只是一方面，还有另外的一个方面没有看到。那就是你们夸奖的活泼可爱脸上总带着微笑的我的儿子是一个不会说话的哑巴，而且在我的家里他还有一个姐姐，是需要常年关在装有铁窗房间里的精神分裂症患者。"

歌唱家的一席话使人们震惊得说不出话来，你看看我，我看看你，似乎很难接受这样的事实。这时，歌唱家又心平气和地对人们说："这一切说明什么呢？恐怕只能说明一个道理，那就是上帝给谁的都不会太多。"

歌唱家说出这句话以后，人们仍然没有吭声，不过这一次不是惊讶，而是在思考，认真地思考着。

是的，上帝给谁的都不会太多。当你羡慕某个人工作顺利、家庭美满时，又怎能知道他也会有难以言说的苦楚？

对面的风景未必好，凡是善于换位思维的人都会得出这样的结论。与其漫无目标地羡慕别人，不如把握自己已拥有的东西，一步一个脚印地走好自己的人生路，总有一天你会感叹：风景这边独好！

第十章

逻辑思维

——透过现象看本质

透过现象看本质

逻辑思维又称抽象思维，是人们在认识过程中借助于概念、判断、推理反映现实的一种思维方法。在逻辑思维中，要用到概念、判断、推理等思维形式和比较、分析、综合、抽象、概括等方法。它的主要表现形式为演绎推理、回溯推理与辏合显同法。运用逻辑思维，可以帮助我们透过现象看本质。

有这样一则故事，从中我们可以体会到运用逻辑思维的力量。

美国有一位工程师和一位逻辑学家是无话不谈的好友。一次，两人相约赴埃及参观著名的金字塔。到埃及后，有一天，逻辑学家住进宾馆，仍然照常写自己的旅行日记，而工程师则独自徜徉在街头，忽然耳边传来一位老妇人的叫卖声："卖猫啦，卖猫啦！"

工程师一看，在老妇人身旁放着一只黑色的玩具猫，标价500美元。这位妇人解释说，这只玩具猫是祖传宝物，因孙子病重，不得已才出售，以换取治疗费。工程师用手一举猫，发现猫身很重，看起来似乎是用黑铁铸就的。不过，那一对猫眼则是珍珠镶的。

于是，工程师就对那位老妇人说："我给你300美元，只买下两只猫眼吧。"

老妇人一算，觉得行，就同意了。工程师高高兴兴地回到了宾馆，对逻辑学家说："我只花了300美元竟然买下两颗硕大的珍珠。"

逻辑学家一看这两颗大珍珠，少说也值上千美元，忙问朋友是怎么一回事。当工程师讲完缘由，逻辑学家忙问："那位妇人是否还在原处？"

工程师回答说："她还坐在那里，想卖掉那只没有眼珠的黑铁猫。"

逻辑学家听后，忙跑到街上，给了老妇人200美元，把猫买了回来。

工程师见后，嘲笑道："你呀，花200美元买个没眼珠的黑铁猫。"

逻辑学家却不声不响地坐下来摆弄这只铁猫。突然，他灵机一动，用小刀刮铁猫的脚，当黑漆脱落后，露出的是黄灿灿的一道金色印迹。他高兴地大叫起来："正如我所想，这猫是纯金的。"

原来，当年铸造这只金猫的主人，怕金身暴露，便将猫身用黑漆漆过，俨然一只铁猫。对此，工程师十分后悔。此时，逻辑学家转过来嘲笑他说："你虽然知识很渊博，可就是缺乏一种思维的艺术，分析和判断事情不全面、不深入。你应该好好想一想，猫的眼珠既然是珍珠做成，那猫的全身会是不值钱的黑铁所铸吗？"

猫的眼珠是珍珠做成的，那么猫身就很有可能是更贵重的材料制成的。这就是逻辑思维的运用。故事中的逻辑学家巧妙地抓住了猫眼与猫身之间存在的内在逻辑性，得到了比工程师更高的收益。

我们知道，事物之间都是有联系的，而寻求这种内在的联系，以达到透过现象看本质的目的，则需要缜密的逻辑思维来帮助。

有时，事物的真相像隐匿于汪洋之下的冰山，我们看到的只是冰山的一角。善于运用逻辑思维的人能做到察于"青蘋之末"，抓住线索"顺藤摸瓜"探寻到海平面下面的冰山全貌。

由已知推及未知的演绎推理法

伽利略的"比萨斜塔试验"使人们认识了自由落体定律，从此推翻了亚里士多德关于物体自由落体运动的速度与其质量成正比的论断。实际上，促成这个试验的是伽利略的逻辑思维能力。在实验之前，他做了一番仔细的思考。

他认为：假设物体 A 比 B 重得多，如果亚里士多德的论断是正确的话，A 就应该比 B 先落地。现在把 A 与 B 捆在一起成为物体 A+B。一方面因 A+B 比 A 重，它应比 A 先落地；另一方面，由于 A 比 B 落得快，B 会拖 A 的"后腿"，因而大大减慢 A 的下落速度，所以 A+B 又应比 A 后落地。这样便得到了互相矛盾的结论：A+B 既应比 A 先落地，又应比 A 后落地。

两千年来的错误论断竟被如此简单的推理所揭露，伽利略运用的思维方式便是演绎推理法。

所谓的演绎推理法就是从若干已知命题出发，按照命题之间的必然逻辑联系，推导出新命题的思维方法。演绎推理法既可作为探求新知识的工具，使人们能从已有的认识推出新的认识，又可作为论证的手段，使人们能借以证明某个命题或反驳某个命题。

演绎推理法是一种解决问题的实用方法，我们可以通过演绎推理找出问题的根源，并提出可行的解决方案。

下面就是一个运用演绎推理的典型例子：

有一个工厂的存煤发生自燃，引起火灾。厂方请专家帮助设计防火方案。

专家首先要解决的问题是：一堆煤自动地燃烧起来是怎么回事？通过查找资料，可以知道，煤是由地质时期的植物埋在地下，受细菌作用而形成泥炭，再在水分减少、压力增大和温度升高的情况下逐渐形成的。也就是说，煤是由有机物组成的。而且，燃烧要有温度和氧气，是煤慢慢氧化积累热量，温度升高，温度达到一定限度时就会自燃。

那么，预防的方法就可以从产生自燃的因果关系出发来考虑了。最后，专家给出了具体的解决措施，有效地解决了存煤自燃的问题：

(1) 煤炭应分开储存，每堆不宜过大。

(2) 严格区分煤种存放，根据不同产地、煤种，分别采取措施。

(3) 清除煤堆中诸如草包、草席、油棉纱等杂物。

(4) 压实煤堆，在煤堆中部设置通风洞，防止温度升高。

(5) 加强对煤堆温度的检查。

(6) 堆放时间不宜过长。

对这个问题我们可从两方面进行思考：一是从原因到结果；二是从结果到原因。无论哪种思路，运用的都是演绎推理法。

通过演绎推理推出的结论，是一种必然无误的断定，因为它的结论所断定的事物情况，并没有超出前提所提供的知识范围。

下面是一则趣味数学故事，通过它我们可以看到演绎推理的这一特点。

维纳是 20 世纪最伟大的数学家之一，他是信息论的先驱，也是控制论的奠基者。3 岁就能读写，7 岁就能阅读和理解但丁和达尔文的著作，14 岁大学毕业，18 岁获得哈佛大学的科学博士学位。

在授予学位的仪式上，只见他一脸稚气，人们不知道他的年龄，于是有人好奇地问道："请问先生，今年贵庚？"

维纳十分有趣地回答道："我今年的岁数的立方是个 4 位数，它的 4 次方是 6 位数，如果把两组数字合起来，正好包含 0123456789 共 10 个数字，而且不重不漏。"

言之既出，四座皆惊，大家都被这个趣味的回答吸引住了。"他的年龄到底有多大？"一时，这个问题成了会场上人们议论的中心。

这是一个有趣的问题，虽然得出结论并不困难，但是既需要一些数学"灵感"，又需要掌握演绎思维推理的方法。为此，我们可以假定维纳的年龄是从 17 岁到 22 岁之间，再运用演绎推理方法，看是否符合前提？

请看：17 的 4 次方是 83521，是个五位数，而不是六位数，所以小于 17 的数作底数肯定也不符合前提条件。

这样一来，维纳的年龄只能从 18、19、20 和 21 这 4 个数中去寻找。现将这 4 个数的 4 次方的乘积列出于后：104976，130321，160000 和 194481。在以上的乘积中，虽然都符合六位数的条件，但在 19、20、21 的 4 次方的乘积中，都出现了数码的重复现象，所以也不符合前提条件。剩下的唯一数字是 18，让我们验证一下，看它是否符合维纳提出的条件。

18 的三次方是 5832(符合 4 位数)，18 的 4 次方是 104976(六位数)。在以上的两组数码中不仅没有重复现象，而且恰好包括了从 0 到 9 的 10 个数字。因此，维纳获得博士学位的时候是 18 岁。

从以上的介绍来看，无论是关于煤发生自燃的原因的推理，还是科学发现和发明的诞生，都说明演绎推理是一种行之有效的思维方法。因此，我们应该学习、掌握它，并正确地运用它。

由"果"推"因"的回溯推理法

回溯推理法，顾名思义，就是从事物的"果"推到事物的"因"的一种方法。这种方法最主要的特征就是因果性，在通常情况下，由事物变化的原因可知其结果；在相反的情况下，知道了事物变化的结果，又可以推断导致结果的原因。因此事物的因果是相互依存的。

在英国曾经发生过这样一个案例：

英国布雷德福刑事调查科接到一位医生打来的电话说，大概在 11 点半左右，有一名叫伊丽莎白·巴劳的妇女在澡盆里因虚脱而死去了。

当警察来到现场时，洗澡水已经放掉了，伊丽莎白·巴劳在空澡盆里向内侧躺着，身上各处都没有受过暴力袭击的迹象。警察发现，死者瞳孔扩散得很大。据她丈夫说，当他妻子在浴室洗澡时，他睡过去了，当他醒来来到浴室，便发现他的妻子已倒在浴盆里不省人事。此外，警察还在厨房的角落里找到了两支皮下注射器，其中一支还留有药液。据他所称这是他为自己注射药物所用。

在警察发现的细微环节和死者丈夫的口述中，警察通过回溯推理法很快找到了疑点和线索。

死者的瞳孔异常扩大；既然死者瞳孔扩大，很可能是因为被注射了某种麻醉品；又因为死者是因低血糖虚脱而死亡，则很可能是被注射过量胰岛素。经过法医的检验，在尸体中确实发现细小的针眼及被注射的残留胰岛素，因此可以断定死者死前被注射过量胰岛素。又通过对死者丈夫的检验得知，他并没有发生感染及病变，即没有注射药剂的必要，因此，死亡很可能是被其丈夫注射过量胰岛素所致。因此警察便将死因和她丈夫联系在一起，通过勘验取得其他证据，并最终破案。

回溯推理法在地质考察与考古发掘方面占有重要的地位。例如，根据对陨石的测定，用回溯推理的方法推知银河系的年龄大概为 140 亿～170 多亿年；又根据对地球上最古老岩石的测定，推知地球大概有 46 亿年的历史了。

在科学领域，这一方法也常被用做新事物的发明和发现。

自 20 世纪 80 年代中期以来，科学家们发现臭氧层在地球范围内有所减少，并在南极洲上空出现了大量的臭氧层空洞。此时，人们才开始领悟到人类的生存正遭受到来自太阳强紫外线辐射的威胁。大气平流层中臭氧的减少，这是科学观察的结果。那么引起这种结果的原因是什么呢？于是科学家们运用了回溯推理的思维方法，开展了由"果"索"因"的推理工作。其实，1974 年化学家罗兰就认为氟氯烃将不会在大气层底层很快分解，而在平流层中氟氯烃分解臭氧分子的速度远远快于臭氧的生成过程，造成了臭氧的损耗。这就是说，氟氯烃是使大气中臭氧减少的罪魁祸首，是出现臭氧空洞的直接原因。

由"果"推"因"的回溯推理法在侦查案件上经常被用到。因为勘查现场的情况就是"果"，由此推测出作案的动机和细节，为顺利地侦破案件创造条件。

回溯推理思维方法既然是一种科学的思维方法，那么就可以通过学习来进行培养，当然就可以通过某些方式来进行自我的训练。例如，多读一些侦探小说、武侠小说，就有利于回溯推理思维能力提高。英国著名作家阿·柯南道尔著的《福尔摩斯探案全集》，就是一部十分精彩的侦探小说，可以说是一部回溯推理的好教材，不妨认真一读。该书的结构严谨，情节跌宕起伏，人物形象鲜明，逻辑性强，故事合情合理。阅读以后，人们不禁要问：福尔摩斯如何能够出奇制胜呢？原因就在于他掌握了回溯推理这个行之有效的思维方法。其他的影视作品还包括《名侦探柯南》、《金田一》等，在休闲之余，这些作品能帮助我们进行回溯推理思维能力的训练。

"不完全归纳"的辏合显同法

"辏"，原是指车轮辐集于毂上，后引申为聚集。"辏合显同"就是把所感知到的有限数量的对象依据一定的标准"聚合"起来，寻找它们共同的规律，以推导出最终的结论。这是逻辑思维的一种运用。从最基本的意义上来讲，虽然"辏合显同"基于对事物特性的"不完全归纳"，带有想象的成分，但它本身也是一种富有创造性的思维活动，因为它把诸多对象聚合起来，所"显示"出来的是一种抽象化的特征，在很多情况下，往往是一种新的特征。

"辏合显同"在科学研究中也是相当有用的。

1742年，德国数学家哥德巴赫写信给当时著名的数学家欧拉，提出了两个猜想。其一，任何一个大于2的偶数，均是两个素数之和；其二，任何一个大于5的奇数，均是三个素数之和。这便是著名的哥德巴赫猜想。

从猜想形成的思维过程来看，主要是"辏合显同"的逻辑作用。我们以第一个猜想为例，"辏合显同"的步骤可表述为下面的过程：

4=1+3(两素数之和)

6=3+3（两素数之和）

8=3+5（两素数之和）

10=5+5（两素数之和）

12=5+7（两素数之和）

这样，通过对很多偶数分解，"两素数之和"这个共性就显示出来了。

学习辖合显同法，我们可以通过下面几个方法来训练。

1. 浏览法

这种技巧要求我们在辖合时，应将对象一个接着一个地分析。分析进行到一定时候，就会产生有关辖合对象共同特征的假设。接下去的"浏览"（分析）则是为了证实。证实之后，"显同"就实现了。例如，我们面前有一大堆卡片，每一张卡片都有三种属性：

①颜色（黄、绿、红）。

②形状（圆、角、方块）。

③边数（一条边、三条边、四条边）。

我们可先一张一张看过去，然后形成一个大致的思想：这些卡片的共同点在于都只有三条边，继而再往下分析，看一看这一设想是不是正确。不正确，推倒重来；正确，就确定了"共性"。

2. 定义法

这种方法通常是用来概括认识对象的。给对象下定义，就包括对象的形态、对象的运动过程、对象的功能，通过这样一番概括，我们就能找到事物的共性，也就锻炼了自己的辐辏思维能力。例如，我们经常在公共场所看到雕像，它是一种艺术，称为雕塑艺术。事实上我们看到的是各种不同的雕像，那么，如何能认识到它的本质呢？这就涉及我们对雕塑艺术的"定义"了。一般来说，"雕塑"可定义为：雕塑是一种造型艺术，它通过塑造形象、有立体感的空间形式以及这个种类的艺术作品本身来反映现实，具有优美动人、紧凑有力、比例匀称、轮廓清晰的特点。因此，对事物的定义过程，本身就是一种"辖合显同"过程，我们应该时常主动地、自觉地对一些事物进行定义尝试，通过这种技巧来提高自己的思维能力。

3. 剩余法

这是一种间接的"辏合"方法。它的基本原理是：如果某一复合现象是由另一复合原因所引起的，那么，把其中确认有因果联系的部分减去，则剩下的部分也必然有因果联系。

天文学史上就曾用这种方法发现了新行星。1846 年前，一些天文学家在观察天王星的运行轨道时，发现它的运行轨道和按照已知行星的引力计算出来的它应运行的轨道不同——发生了几个方面的偏离。经过观察分析，知道其他几方面的偏离是由已知的其他几颗行星的引力所引起的，而另一方面的偏离则原因不明。这时天文学家就考虑到：既然天王星运行轨道的各种偏离是由相关行星的引力所引起的，现在又知其中的几方面偏离是由另几颗行星的引力所引起的，那么，剩下的一处偏离必然是由另一个未知的行星的引力所引起的。后来有些天文学家和数学家据此推算出了这个未知行星的位置。1846 年按照这个推算的位置进行观察，果然发现了一颗新的行星——海王星。

顺藤摸瓜揭示事实真相

华生医生初次见到福尔摩斯时，对方开口就说："我看得出，你到过阿富汗。"

华生感到非常惊讶。后来，当他想起此事的时候，对福尔摩斯说道："我想一定有人告诉过你。"

"没有那回事。"福尔摩斯解释道，"我当时一看就知道你是从阿富汗来的。"

"何以见得？"华生问道。

"在你这件事上，我的推理过程是这样的：你具有医生工作者的风度，但却是一副军人的气概。那么，显而易见你是个军医。

"你脸色黝黑，但是从你手腕黑白分明的皮肤来看，这并不是你原来的肤色，那么你一定刚从热带回来。

"你面容憔悴，这就清楚地说明你是久病初愈而又历尽艰苦的人。

"你左臂受过伤，现在看起来动作还有些僵硬不便。试问，一个英国的军医，在热带地区历尽艰苦，并且臂部受过伤，这能在什么地方呢？自然只有在阿富汗。

"所以我当时脱口说出你是从阿富汗来的，你还感到惊奇哩！"

这就是福尔摩斯卓绝的逻辑推理能力，从华生医生外在所显露的种种蛛丝马迹，顺藤摸瓜地推论出看似不可思议的答案。

生活中很多事情的解析其实都有赖于一种分析和推理。正确的逻辑思考，可以帮助人们解决很多问题。下面故事中的石狮子，就是通过这样的思考才重见天日的。

从前，在河北沧州城南，有一座靠近河岸的寺庙。有一年运河发大水，寺庙的山门经不住洪水的冲刷而倒塌，一对大石狮子也跟着滚到河里去了。

过了十几年，寺庙的和尚想重修山门，他们召集了许多人，要把那一对石狮子打捞上来。

可是，河水终日奔流不息，隔了这么长时间，到哪里去找呢？

一开始，人们在山门附近的河水里打捞，没有找到。于是大家推测，准是让河水冲到下游去了。于是，众人驾着小船往下游打捞，寻了十几里路，仍没有找到石狮子的踪影。

寺中的教书先生听说了此事后，对打捞的人说："你们真是不明事理，石狮子又不是碎片儿木头，怎会被冲到下游？石狮子坚固沉重，陷入泥沙中只会越沉越深，你们到下游去找，岂不是白费工夫？"

众人听了，都觉有理，准备动手在山门倒塌的地方往下挖掘。

谁知人群中闪出一个老河兵（古代专门从事河工的士兵），说道："在原地方是挖不到的，应该到上游去找。"众人都觉得不可思议，石狮子怎么会往上游跑呢？

老河兵解释道："石狮子结实沉重，水冲它不走，但上游来的水不断冲击，反会把它靠上游一边的泥沙冲出一个坑来。天长日久，坑越冲越大，石狮子就会倒转到坑里。如此再冲再滚，石狮子就会像'翻跟头'一样慢慢往上游滚去。往下游去找固然不对，往河底深处去找岂不更错？"

根据老河兵的话，寺僧果然在上游数里处找到了石狮子。

在众人都根据自己的感性认识而做出各种揣测时，老河兵凭着其对水流习性的熟识，借着事物层层发展的严密逻辑，推导出了正确的结论。如果仅仅具有感性认识，人们对事物的认识只可能停留在片面的、现象的层面上，根本无法全面把握事物的本质，做出有价值的判断。

逻辑思考是一种比较规范的、严密的分析推理方式，它依靠我们把握事物的关键点，逐层推进，深入分析，而不能靠无端的臆想和猜测。

逻辑思维与共同知识的建立

爱因斯坦曾讲过他童年的一段往事：

爱因斯坦小时候不爱学习，成天跟着一帮朋友四处游玩，不论他妈妈怎么规劝，爱因斯坦只当耳边风，根本听不进去。这种情况发生转变是在爱因斯坦 16 岁那年。

一个秋天的上午，爱因斯坦提着渔竿正要到河边钓鱼，爸爸把他拦住，接着给他讲了一个故事，这个故事改变了爱因斯坦的人生。

父亲对爱因斯坦说："昨天，我和隔壁的杰克大叔去给一个工厂清扫烟囱，那烟囱又高又大，要上去必须踩着里边的钢筋爬梯。杰克大叔在前面，我在后面，我们抓着扶手一阶一阶爬了上去。下来的时候也是这样，杰克大叔先下，我跟在后面。钻出烟囱后，我们发现一个奇怪的情况：杰克大叔一身上下都蹭满了黑灰，而我身上竟然干干净净。"

父亲微笑着对儿子说："当时，我看着杰克大叔的样子，心想自己肯定和他一样脏，于是跑到旁边的河里使劲洗。可是杰克大叔呢，正好相反，他看见我身上干干净净的，还以为自己一样呢，于是随便洗了洗手，就上街去了。这下可好，街上的人以为他是一个疯子，望着他哈哈大笑。"

爱因斯坦听完忍不住大笑起来，父亲笑完了，郑重地说："别人无法做你的镜子，只有自己才能照出自己的真实面目。如果拿别人做镜子，白痴或许会以为自己是天才呢。"

父亲和杰克大叔都是通过对方来判断自己的状态，这是逻辑思维的简单运用，却由于逻辑推理的基础不成立（即"两个人的状态一样"不成立），而闹出了笑话。

"别拿别人做镜子"，这是爱因斯坦从父亲的话中得到的教诲。但是，在逻辑思维的世界里，我们难道真的不能把别人当自己的镜子吗？

在回答这个问题之前，我们先来看下面这个游戏：

假定在一个房间里有三个人，三个人的脸都很脏，但是他们只能看到别人而无法看到自己。这时，有一个美女走进来，委婉地告诉他们说："你们三个人中至少有一个人的脸是脏的。"这句话说完以后，三个人各自看了一眼，没有反应。

美女又问了一句："你们知道吗？"当他们再彼此打量第二眼的时候，突然意识到自己的脸是脏的，因而三张脸一下子都红了。为什么？

下面是这个游戏中各参与者逻辑思维的活动情况：当只有一张脸是脏的时候，一旦美女宣布至少有一张脏脸，那么脸脏的那个参与人看到两张干净的脸，他马上就会脸红。而且所有的参与人都知道，如果仅有一张脏脸，脸脏的那个人一定会脸红。

在美女第一次宣布时，三个人中没人脸红，那么每个人就知道至少有两张脏脸。如果只有两张脏脸，两个脏脸的人各自看到一张干净的脸，这两个脏脸的人就会脸红。而此时如果没有人脸红，那么所有人都知道三张脸都是脏的，因此在打量第二眼的时候所有人都会脸红。

这就是由逻辑思维衍生出的共同知识的作用。共同知识的概念最初是由逻辑学家李维斯提出的。对一个事件来说，如果所有当事人对该事件都有了解，并且所有当事人都知道其他当事人也知道这一事件，那么该事件就是共同知识。在上面这个游戏中，"三张脸都是脏的"这一事件就是共同知识。

假定一个人群由 A、B 两个人构成，A、B 均知道一件事实 f，f 是 A、B 各自的知识，而不是他们的共同知识。当 A、B 双方均知道对方知道 f，并且他们各自都知道对方知道自己知道 f，那么，f 就成了共同知识。

这其中运用了逻辑思维的分析方法，是获得决策信息的方式。但是它与一条线性的推理链不同，这是一个循环，即"假如我认为对方认为我认为……"也就是说，当"知道"变成一个可以循环绕动的车轱辘时，我们就说 f 成了 A、B 间的共同知识。因此，共同知识涉及一个群体对某个事实"知道"的结构。在上面的游戏中，美女的话所引起的唯一改变，是使一个所有参与人事先都知道的事实成为共同知识。

在生活中，没有一个人可以在行动之前得知对方的整个计划。在这种情况下，互动推理不是通过观察对方的策略进行的，而是必须通过看穿对手的策略才能展开。

要想做到这一点，单单假设自己处于对手的位置会怎么做还不够。即便你那样做了，你会发现，你的对手也在做同样的事情，即他也在假设自己处于你的位置会怎么做。每一个人不得不同时担任两个角色，一个是自己，一个是对手，从而找出双方的最佳行动方式。

运用逻辑思维对信息进行提取和甄别

信息的提取和甄别，是当今社会的一个关键的问题。如果在商海中搏击，更要学会信息的收集与甄别，掌握各方面的知识。当面临抉择的最后时刻，与其如赌徒般仅靠瞬息间的意念做出轻率的判断，倒不如及早掌握信息，以资料为依据，发挥正确的推理判断能力。

亚默尔肉类加工公司的老板菲利普·亚默尔每天都有看报纸的习惯，虽然生意繁忙，但他每天早上到了办公室，就会看秘书给他送来的当天的各种报刊。

初春的一个上午，他和往常一样坐在办公室里看报纸，一条不显眼的不过百字的消息引起了他的注意：墨西哥疑有瘟疫。

亚默尔的头脑中立刻展开了独特的推理：如果瘟疫出现在墨西哥，就会很快传到加州、得州，而美国肉类的主要供应基地是加州和得州，一旦这里发生瘟疫，全国的肉类供应就会立即紧张起来，肉价肯定也会飞涨。

他马上让人去墨西哥进行实地调查。几天后，调查人员回电报，证实了这一消息的准确性。

亚默尔放下电报，马上着手筹措资金大量收购加州和得州的生猪和肉牛，运到离加州和得州较远的东部饲养。两三个星期后，西部的几个州就出现了瘟疫。联邦政府立即下令严禁从这几个州外运食品。北美市场一下子肉类奇缺、价格暴涨。

亚默尔认为时机已经成熟，马上将囤积在东部的生猪和肉牛高价出售。仅仅 3 个月时间，他就获得了 900 万美元的利润。

亚墨尔重视信息，而且，善于运用逻辑思维对接收到的信息进行提取和甄别，当他收到一则信息后，总会在头脑中进行一番推理，来判断该信息的真伪或根据该信息导出更多的未知信息，从而先人一步，争取主动。

伯纳德·巴鲁克是美国著名的实业家、政治家，在 30 岁出头的时候就成了百万富翁。1916 年，威尔逊总统任命他为"国防委员会"顾问，以及"原材料、矿物和金属管理委员会"主席，以后又担任"军火工业委员会主席"。1946 年，巴鲁克担任了美国驻联合国原子能委员会的代表，并提出过一个著名的"巴鲁克计划"，即建立一个国际权威机构，以控制原子能的使用和检查所有的原子能设施。无论生前死后，巴鲁克都受到普遍的尊重。

在刚刚创业的时候，巴鲁克也是非常艰难的。但就是他所具有的那种对信息的敏感，加之合理的推理，使他一夜之间发了大财。

1898 年 7 月的一天晚上，28 岁的巴鲁克正和父母一起待在家里。

忽然，广播里传来消息，美国海军在圣地亚哥消灭了西班牙舰队。

这一消息对常人来说只不过是一则普通的新闻，但巴鲁克却通过逻辑分析从中看到了商机。

美国海军消灭了西班牙舰队，这意味着美西战争即将结束，社会形势趋于稳定，那么，在商业领域的反映就是物价上扬。

这天正好是星期天，用不了多久便是星期一了。按照通常的惯例，美国的证券交易所在星期一都是关门的，但伦敦的交易所则照常营业。如果巴鲁克能赶在黎明前到达自己的办公室，那么就能发一笔大财。

那个时代，小汽车还没有问世，火车在夜间又停止运行，在常人看来，这已经是无计可施了，而巴鲁克却想出了一个绝妙的主意：他赶到火车站，租了一列专车。上天不负有心人，巴鲁克终于在黎明前赶到了自己的办公室，在其他投资者尚未"醒"来之前，他就做成了几笔大交易。他成功了！

信息是这个时代的决定性力量，面对纷繁复杂的信息，加以有效提取和甄别，经过逻辑思维的加工，挖掘出信息背后的信息，这样，才能及时地抓住机遇，抓住财富。

第十一章

形象思维

——抽象的东西可以形象化

巧用形象思维

一次，一位不知相对论为何物的年轻人向爱因斯坦请教相对论。

相对论是爱因斯坦创立的既高深又抽象的物理理论，要在几分钟内让一个门外汉弄懂什么是相对论，简直比登天还难。

然而爱因斯坦却用十分简洁、形象的话语对深奥的相对论做出了解释：

"比方说，你同最亲爱的人在一起聊天，一个钟头过去了，你只觉得过了 5 分钟；可如果让你一个人在大热天孤单地坐在炽热的火炉旁，5 分钟就好像一个小时。这就是相对论！"

在这里，爱因斯坦所运用的就是形象思维。

形象思维又称右脑思维，主要是用直观形象和表象解决问题的思维。

当我们碰到较难说清的问题时，如能像爱因斯坦那样利用形象思维打一个比方，或画一个示意图，对方往往会豁然开朗。教师在给学生上课时，如果能借助形象化的语言、图形、演示实验、模型、标本等，往往能使抽象的科学道理、枯燥的数学公式等变得通俗易懂。甚至在政治思想教育中，我们如能借助于文学艺术等特殊手段，进行形象化教育，使简单的说教贯穿于生动活泼的文化娱乐之中，常常也能收到事半功倍的效果。

著名哲学家艾赫尔别格曾经对人类的发展速度有过一个形象生动的比喻。他认为，在到达最后 1 公里之前的漫长的征途中，人类一直是沿着十分艰难崎岖的道路前进的，穿过了荒野，穿过了原始森林，但对周围的世界万物茫然一无所知，只是在即将到达最后 1 公里的时候，人类才看到了原始时代的工具和史前穴居时代创作的绘画。当开始最后 1 公里的赛程时，人类才看到难以识别的文字，看到农业社会的特征，看到人类文明刚刚透过来的几缕曙光。离终点 200 米的时候，人类在铺着石板的道路上穿过了古罗马雄浑的城堡。离终点还有 100 米的时候，在跑道的一边是欧洲中世纪城市的神圣建筑，另一边是四大发明的繁荣场所。离终点 50 米的时候，人类看见了一个人，他用创造者特有的充满智慧和洞察力的眼光注视着这场赛跑——他就是达·芬奇。剩下最后 5 米了，在这最后冲刺中，人类看到了惊人的奇迹，电灯光亮照耀着夜间的大道，机器轰鸣，汽车和飞机疾驰而过，摄影记者和电视记者的聚光灯使胜利的赛跑运动员眼花缭乱……

在这里，艾赫尔别格正是运用了形象思维，将漫长的人类历史栩栩如生地展现在人们的面前。

我们都有过这样的体会：在学习几何时，往往头脑中有一个确切的形象，或是矩形，或是三角，或是圆，之后在头脑中对该形象进行各种各样的处理，就好像一切都是展现在我们的面前一样。再比如，学习物理中的电流、电阻时，头脑中显现的是水在管道中流动的景象，顿时，看不见的电流、电阻变得形象生动起来，理解起来也容易得多了。这就是形象思维在学习中应用的一个小片段。

形象思维还可以用于发明创造，使发明的过程变得简单明了。

田熊常吉原是一位木材商，文化程度很低，可他却运用丰富的形象思维改进了锅炉。

田熊首先将锅炉系统简化成"锅系统"和"炉系统"，锅系统包括集水器、循环水管、汽包等，主要功能是尽可能多地吸热，保证冷热水循环；炉系统包括燃烧炉排风机、鼓风机、烟道等，主要功能是给"锅系统"供热，减少热损失。简言之，锅炉的要素就是燃烧供热和水循环。田熊想，人体具有燃烧供热和血液循环这两大要素，人体不就是一个热效率很高的锅炉系统吗？

于是田熊马上画出了一张人体血液循环图和一张锅炉的结构模型，将两者进行比较后，田熊发现，心脏相当于汽包，瓣膜相当于集水器，动脉相当于降水管，静脉相当于水管群，毛细血管与水包相似。据此，他构思出了新型锅炉的结构方案，锅炉经过田熊的方案进行改造后，热效率果然大大提高了。

形象思维使我们的头脑充满了生动的画面，为我们展现了一个更为丰富多彩的世界，是需要我们学习、掌握的一种必备的思维方法。

展开想象的翅膀

1968 年，美国内华达州一位叫伊迪丝的 3 岁小女孩告诉妈妈：她认识礼品盒上的字母"O"。这位妈妈非常吃惊，问她怎么认识的。伊迪丝说："薇拉小姐教的。"

这位母亲表扬了女儿之后，一纸诉状把薇拉小姐所在的劳拉三世幼儿园告上了法庭，理由是该幼儿园剥夺了伊迪丝的想象力。因为她的女儿在认识"O"之前，能把"O"说成苹果、太阳、足球、鸟蛋之类的圆形东西，然而自从她识读了 26 个字母，伊迪丝便失去了这种能力。她要求该幼儿园赔偿伊迪丝精神伤残费 1000 万美元。

3 个月后，法院审判的结果出人意料，劳拉三世幼儿园败诉，因为陪审团的 23 名成员被这位母亲在辩护时讲的一个故事感动了。

她说：我曾到东方某个国家旅行，在一家公园里曾见过两只天鹅，一只被剪去了左边的翅膀，一只完好无损。剪去翅膀的一只被收养在较大的一片水塘里，完好的一只被放养在一片较小的水塘里。管理人员说，这样能防止它们逃跑。剪去翅膀的那只无法保持身体的平衡，飞起来就会掉下来；在小水塘里的那只虽然没有被剪去翅膀，但起飞时会因为没有必要的滑翔距离，而老实地待在水里。今天，我感到伊迪丝变成了劳拉三世幼儿园的一只天鹅。他们剪掉了伊迪丝的一只翅膀，一只幻想的翅膀；他们早早地把她投进了那片水塘，那片只有 ABC 的小水塘。

想象是形象思维的高级形式，是在头脑中对已有表象进行加工、改造、重新组合形成新形象的心理过程。想象与形象思维的过程是一致的。想象力具有自由、开放、浪漫、跳跃、形象、夸张等特点。想象力使思维逍遥神驰，一泻千里，超越时空。萧伯纳认为，想象是创造之始。奥斯本说：想象力可能成为解决其他任何问题的钥匙。爱因斯坦则告诫说：想象比知识更重要，因为知识是有限的，而创造需要想象，想象是创造的前提，想象力概括着世界上的一切，没有想象就不可能有创造。

古生物学家根据一具古生物化石，就能凭借想象去推测出古生物的原有形态，建筑工程师看到设计图纸，就能想象出这是一座什么样的高楼大厦；侦查人员听到犯罪现场目击者提供的某些情况，便能想象出罪犯的身高、体重和模样……

19 世纪，物理学家们都知道，在一个原子里，既存在着带正电的粒子，也有带负电的粒子。而这两种粒子在原子内部究竟保持着什么样的关系，却始终弄不清楚。因为这靠逻辑推理是演绎不出来的，且在当时的条件下，也不可能通过实验来证明。

到了 19 世纪末 20 世纪初，许多物理学家曾做过各种各样的想象，并将这些想象物化为直观的"模型"。经过比较，大家一致认为英国物理学家汤姆生提出的"葡萄干面包模型"和出生于新西兰的英国物理学家卢瑟福提出的"太阳系模型"较为合理。汤姆生是这样想象并设计模型的：带负电的粒子，像葡萄干一样，镶嵌在由带正电的粒子所构成的像面包一样的没有空隙的球状实体里。卢瑟福想象的则是：带负电的电子像太阳系的行星那样，围绕着占原子质量绝大部分的带正电的原子核旋转。

这两个模型的重要区别就是原子内部有无空隙。卢瑟福的模型标出原子内部有空隙，后来的实验证明，他的判断是正确的。

实际上，这两位物理学家和别人一样，对于带正电的粒子和带负电的粒子之间到底是以一种什么关系构成原子的也弄不清楚，只是根据自己有关的知识、经验和形象积累，做出了关于它们之间关系的具体情景的想象，以填补和充实对原子内部结构认识上的不足和缺陷。

这种想象过程的进行和所起的作用，就是将人们认识事物的"认识链条"上所存在的"缺环"进行了充填和补充，使之完整地连为一体。

想象离不开模型。模型作为原型的替代物，只有展开想象的翅膀，在头脑中运用想象对其残缺的部分进行扎实填补，才能"完整"、"形象"和"逼真"。

随着人们思考问题逐渐深入和涉及问题领域的日趋扩大，固有的思维方式也应随之发生变化。

对于某些未知事物的探索和研究，仅靠简单的逻辑推理已不能解决问题，常规的实验更是无从做起，这时，就需要我们充分展开想象的翅膀，以我们的形象思维为突破口，使我们的认识有一个质的飞跃，并得到长足的发展。

运用想象探索新知

想象作为形象思维的一种基本方法，不仅能构想出未曾知觉过的形象，而且还能创造出未曾存在的事物形象，因此是任何探索活动都不可缺乏的基本要素。没有想象力，一般思维就难以升华为创新思维，也就不可能做出创新。

美国的莱特兄弟在大树下玩的时候，看到一轮明月挂在树梢，便产生了上树摘月亮的幻想。结果不但没有摘到月亮，反而把衣服挂破了。

"如果有一只大鸟，我们就能骑上它，飞到天空中去摘月亮了。"两个孩子想到。

从此莱特兄弟俩废寝忘食，终于在 1903 年根据鸟类和风筝的飞行原理，成功地制造出了人类历史上第一架用内燃机做动力的飞机。莱特兄弟的"骑上大鸟，飞上天空"的幻想终于实现了。

当然，由于想象是脱离现实的，因此想象越大胆，所包含的错误可能也越多，不过这并没有什么关系，因为想象中所蕴含的创新价值往往是不可估量的。比如，人类有了"嫦娥奔月"的幻想，才有今天"阿波罗号"登月；有了"木牛流马"的幼稚想象，才有今天在战场上纵横驰骋的装甲战车。这些都是想象给人的启迪，人类科学史上的许多创造发明、发现都是从想象中产生的。

DNA 双螺旋结构的发现，是近代科学的最伟大成就之一。由于 DNA 是生物高分子，普通光学显微镜无法看到它的结构。在 1945 年，英国生物学家威尔金斯首先使用 X 光衍射技术拍摄到世界上第一张 DNA 结构照片，但很不清晰，照片上看到的是一片云状的斑斑点点，有点像是螺旋形，但不能断定。1951 年春，英国剑桥大学的另一位生物学家克里克利用 X 光射线拍摄到了清晰的蛋白质照片，这是一个重大的突破。美国一位年轻的生物学博士沃森当时正在做有关 DNA 如何影响遗传的实验，听到这一消息便来到克里克的实验室和克里克一起研究 DNA 结构。

这年 5 月，沃森在一次学术会议上见到威尔金斯，威尔金斯提出了 DNA 可能是螺旋形结构的猜想。回到剑桥大学后，沃森便和克里克一起仔细研究那张 DNA 照片。沃森想，DNA 的结构形状会不会是双螺旋的，就像一个扶梯，旋转而上，两边各有一个扶手？他便与克里克用 X 光衍射技术反复对多种病毒的 DNA 进行照相，并进行多次模拟实验。最后他们终于发现 DNA 的基本成分必须以一定的配对关系来结合的结构规律，从而揭示出 DNA 的分子式是"双螺旋结构"。1953 年 4 月，他们有关 DNA 结构的论文发表在英国《自然》杂志上。这篇论文只有 1000 多字，其分量却足以和达尔文的《物种起源》相比。

DNA 结构的发现，为解开一切生物（包括人类自身）的遗传和变异之谜带来了希望。1962 年，沃森、克里克和威尔金斯三人因 DNA 结构的发现而共获诺贝尔医学奖。

从 DNA 结构的发现过程中我们可以看出，想象在科学创新过程中起了决定性作用。

想象不仅能帮助人们摒弃事物的次要方面，而且能帮助人们抓住事物的重要本质特征，并在大脑中把这些特征组合成整体形象，从而探索到新的知识。知识创新需要有卓越的想象力，与计算机相比，想象力是人脑的优势。在逻辑中难以推导出新知识、新发明的地方，想象力能以超常规形式为我们提供全新的目标形象，从而为揭示事物的本质特征提供重要思路或有益线索，为我们开拓出全新的思维天地。

运用想象力探索新知识，首先要善于提出新假说。创造性想象对于提出科学假说具有重要作用。恩格斯说："只要自然科学在思维着，它的发展形式就是假说。"科学知识的一般形成法则可以表达为一个公式：问题——假说——规律（理论）。最初总是从发现问题开始的。然后，根据观察实验得来的事实材料提出科学的假说，假说经过实践检验得到确证以后，就上升为规律或者理论。

从文学角度来看，知识可以使我们明察现在，而丰富的想象力则可以使我们拥有开拓未来、探索新知识的能力。想象能开阔我们的视野，使我们洞察到前所未有的新天地。想象是直觉的延伸与深化，卓越的想象力更有助于人们揭示未知事物的本质。

开启你的右脑

大脑的左、右两个半球分别称为左脑和右脑。它们表面有一层约 3 毫米厚的大脑皮质或大脑皮层。两半球在中间部位相接。美国神经生理学家斯佩里发现了人的左脑、右脑具有不同的功能。右脑主要负责直感和创造力，或者称为司管形象思维、判定方位等。左脑主要负责语言和计算能力，或称为司管逻辑思维。一般认为，左脑是优势半球，而右脑功能普遍得不到充分发挥。

从创新思维的角度来说，开发右脑功能的意义是十分重大的。因为右脑活跃起来有助于打破各种各样的思维定式，提高想象力和形象思维能力。近年来，不少人对锻炼、开拓右脑功能产生浓厚兴趣。提倡开拓右脑正是为了求得左、右脑平衡、沟通和互补，以期最大限度地提高人脑的效率。两个大脑半球的活动更趋协调后，将进一步提高人的智力和创新能力。

能促进右脑功能发挥的活动有许多，现讲述 8 点：

(1) 画知识树，在学习活动中经常把知识点、知识的层次、方面和系统及其整体结构用图表、知识树或知识图的形式表达出来，有助于建构整体知识结构，对大脑右半球机能发展有益。

(2) 培养绘画意识，经常欣赏美术图画，还要动手绘画，有助于大脑右半球的功能开发。

(3) 发展空间认识，每到一地或外出旅游，都要明确方位，分清东西南北，了解地形地貌或建筑特色，培养空间认识能力。

(4) 练习模式识别能力，在认识人和各种事物时，要观察其特征，将特征与整体轮廓相结合，形成独特的模式加以识别和记忆。

(5) 冥想训练，经常用美好愉快的形象进行想象，如回忆愉快的往事，遐想美好的未来，想象时形象鲜明、生动，不仅使人产生良好的心理状态，还有助于右脑潜能的发挥。

(6) 音乐训练，经常欣赏音乐或弹唱，增强音乐鉴赏能力，能促进大脑右半球功能发挥。

(7) 在日常生活中尽可能多使用身体的左侧。身体左侧多活动，右侧大脑就会发达。右侧大脑的功能增强，人的灵感、想象力就会增加。比如在使用小刀和剪子的时候总用左手，拍照时用左眼，打电话时用左耳。

(8) 见缝插针练左手。如果每天得在汽车上度过较长时间，可利用它锻炼身体左侧。如用左手指钩住车把手，或手扶把手，让左脚单脚支撑站立。习惯于将钱放在自己的衣服左口袋，上车后以左手取钱买票。此外，还有一些特殊的方法值得借鉴。

①在左手食指和中指上套上一根橡皮筋，使之成为"8"字形，然后用拇指把橡皮筋移套到无名指上，仍使之保持"8"字形。依此类推，再将橡皮筋套到小指上，如此反复多次，可有效地刺激右脑。

②手指刺激法。苏联著名教育家苏霍姆林斯基说，手使脑得到发展，使它更加聪明。他又说："儿童的智慧在手指头上。"许多人让儿童从小练习用左手弹琴、打字、珠算等，这样双手的协调运动，会把大脑皮层中相应的神经细胞的活力激发起来。

③环球刺激法。尽量活动手指，促进右脑功能，是这类方法的目的。例如：每捏一次健身环需要10～15公斤握力，五指捏握时，又能促进对手掌各穴位的刺激、按摩，使脑部供血通畅。特别是左手捏握，对右脑起激发作用。有人数年坚持"随身带个圈（健身圈），有空就捏转；家中备副球，活动左右手"，确有健脑益智之效。此外，多用左、右手掌转捏核桃，作用也一样。

此外，开拓右脑的方法还有：非语言活动、跳舞、美术、种植花草、手工技艺、烹调、缝纫等。既利用左脑，又运用了右脑。如每天练半小时以上的健身操，打乒乓球、羽毛球等，特别需要让左手、右腿多活动，这类活动是"自外而内"地作用于大脑的。

从兴趣中激发形象思维

兴趣，是一个人充满活力的表现。生活本身应该是赤橙黄绿青蓝紫多色调的。从兴趣中激发形象思维，生活才会有七色阳光，才会有许许多多的创造成果。

爱因斯坦把全部的兴趣和想象投入了他热爱的物理学领域。对自己不感兴趣的课程，他很少投入过多心思去学习。不管在哪儿，他的思想都在物理学中，在他研究的问题里漫游着。想象力就是驱动力，驱使着他去寻找问题的答案。

一天，他对经常辅导他数学的舅舅说："如果我用光在真空中的速度和光一道向前跑，能不能看到空间里的电磁波呢？"舅舅用异样的目光盯着他看了许久，目光中既有赞许，又有担忧。因为他知道，爱因斯坦提出的这个问题非同一般，将会引起出人意料的震动。此后，爱因斯坦全身心地投入到了此项研究，并提出了"相对论"。

物理学问题激发了他的想象，他的想象力又帮他探索着这些物理学问题。在科学研究领域，兴趣与想象是一对无法分开的姊妹。

镭的发现也是这样一种过程。

"镭的母亲"居里夫人从小就对科学实验发生了兴趣。

在与法国年轻物理学家皮埃尔·居里相识后，她正式走入了物理学研究的大门。

居里夫人注意到法国物理学家贝克勒尔的研究工作。自从伦琴发现 X 射线之后，贝克勒尔在检查一种稀有矿物质"铀盐"时，又发现了一种"铀射线"，朋友们都叫它贝克勒尔射线。

贝克勒尔发现的射线，引起了居里夫人极大兴趣，射线放射出来的力量是从哪里来的？居里夫人看到当时欧洲所有的实验室还没有人对铀射线进行过深入研究，于是决心闯进这个领域。

居里夫人受过严格的高等化学教育，她在研究铀盐矿石时想到，没有什么理由可以证明铀是唯一能发射射线的化学元素。她根据门捷列夫的元素周期律排列的元素，逐一进行测定，结果很快发现另外一种钍元素的化合物，也能自动发出射线，与铀射线相似，强度也相像。居里夫人认识到，这种现象绝不只是铀的特性，必须给它起一个新名称。居里夫人提议叫它"放射性"，铀、钍等有这种特殊"放射"功能的物质，叫作"放射性元素"。

一天，居里夫人想到，矿物是否有放射性？在皮埃尔的帮助下，她连续几天测定能够收集到的所有矿物。她发现一种沥青铀矿的放射性强度比预计的强度大得多。

经过仔细地研究，居里夫人不得不承认，用这些沥青铀矿中铀和钍的含量，绝不能解释她观察到的放射性的强度。

这种反常的而且过强的放射性是哪里来的？只能有一种解释：这些沥青矿物中含有一种少量的比铀和钍的放射性作用强得多的新元素。居里夫人在以前所做的试验中，已经检查过当时所有已知的元素了。居里夫人断定，这是一种人类还不知道的新元素，她要找到它！

居里夫人的发现吸引了皮埃尔的注意，居里夫妇一起向未知元素进军。在潮湿的工作室里，经过居里夫妇的合力攻关，1898 年 7 月，他们宣布发现了这种新元素，它比纯铀放射性要强 400 倍。为了纪念居里夫人的祖国——波兰，新元素被命名为"钋"。

1898 年 12 月，居里夫妇又根据实验事实宣布，他们又发现了第二种放射性元素，这种新元素的放射性比钋还强。他们把这种新元素命名为"镭"。可是，当时谁也不能确认他们的发现，因为按化学界的传统，一个科学家在宣布他发现新元素的时候，必须拿到实物，并精确地测定出它的原子量。而居里夫人的报告中却没有钋和镭的原子量，手头也没有镭的样品。居里夫妇克服了人们难以想象的困难，为了提炼镭，他们辛勤地奋斗着。居里夫人每次把 20 多公斤的废矿渣放入冶炼锅熔化，连续几小时不停地用一根粗大的铁棍搅动沸腾的材料，而后从中提取仅含百万分之一的微量物质。

他们从 1898 年一直工作到 1902 年，经过几万次的提炼，处理了几十吨矿石残渣，终于得到 0.1 克的镭盐，测定出了它的原子量是 225。

镭宣告诞生了！

居里夫妇证实了镭元素的存在，使全世界都开始关注放射性现象。镭的发现在科学界爆发了一次真正的革命。

有些人抱怨自己在学习和工作中发挥不出任何想象力，其中的原因也许就在于你对所从事的事情不感兴趣。这时，你需要做的就是换一件事情来做，或者培养自己对目前工作的兴趣。有了兴趣，就会激发出无限的想象力，做什么事情都会感到身心愉悦、轻松愉快，也会觉得浑身有使不完的力气，学习工作都会有持久的活力。

想象中的标靶

许多人认为，只有爱因斯坦式的伟大人物才能够通过想象力创造奇迹，事实上，我们每个人都有创造类似奇迹的天赋，只是我们大多数人没有发挥出来而已。如果你怀疑这个论断，就请从下面的几个实验中选一个验证一下吧。这个论断也告诉我们，倘若我们想象着自己在做某件事，脑子里留下的印象和我们实际做那件事留下的印象几乎是一样的。通过想象力完成的实践还能够强化这种印象。有些事情，甚至单纯通过想象力就可以实现。

通过一个人为控制的实验，心理学家凡戴尔证明：让一个人每天坐在靶子前面，想象着自己正在对靶子投镖。经过一段时间后，这种心理练习几乎和实际投镖练习一样能提高准确性。

《美国研究季刊》曾报道过一项实验，证明想象练习对改进投篮技巧的效果。

第一组学生在 20 天内每天练习实际投篮，把第一天和最后一天的成绩记录下来。

第二组学生也记录下第一天和最后一天的成绩，但在此期间不做任何练习。

第三组学生记录下第一天的成绩，然后每天花 20 分钟做想象中投篮。倘若投篮不中时，他们便在想象中做出相应的纠正。

实验结果：

第一组每天实际练习 20 分钟，进球增加了 24%。

第二组因为没有练习，也就毫无进步。

第三组每天想象练习投篮 20 分钟，进球增加 40%。

查理·帕罗思在《每年如何推销两万五》的书中，讲到底特律的一些推销员利用一种新方法让推销额增加了100%，纽约的另一些推销员增加了150%，其他一些推销员使用同样的方法则让他们的推销额增加了400%。

推销员们使用的魔法实际上就是所谓的扮演角色。其具体做法是：想象自己完成了多少销售任务，然后找出实现的方法，这样反复想象，直到实际完成的任务量达到想象中完成的任务量。

由此可见，他们取得好成绩也就很正常了。如此，他们越来越善于处理不同的情况了。一些卓有成效的推销员，通过想象力，并结合自己实际的操作，取得了很高的工作业绩。

他们还深刻地得出以下的体会：每次你同顾客谈话时，他说的话、提的问题或反对意见，都是体现了一种特定的情境。倘若你总是能估计他要说些什么，并能马上回答他的问题、妥善处理他的反对意见，你就能把货物推销出去。

一个成功的推销员自己就可以想象推销时的情境。想象出客户怎样刁难自己，自己应该怎样对付，等等。

由于事先想象过了，不管在什么情况下，你都能够有备无患。你想象和顾客面对面地站着，他提出反对意见，给你出各种难题，而你能迅速而圆满地加以解决。

从古到今，不少成功者都曾自觉或不自觉地运用了"想象力"和"排练实践"来完善自我，获得成功。

拿破仑在带兵横扫欧洲之前，曾经在想象中"演习"了多年的战法。《充分利用人生》一书中说："拿破仑在大学时所做的阅读笔记，复印时竟达满满400页之多。他把自己想象成一个司令，画出科西嘉岛的地图，经过精确的计算后，标出他可能布防的每一情况。"

世界旅馆业巨头康拉德·希尔顿在拥有一家旅馆之前，就想象自己在经营旅馆。当他还是一个小孩子的时候，就常常"扮演"旅馆经理的角色。

亨利·凯瑟尔说过，事业上的每一个成就实现之前，他都在想象中预先实现过了。这真是妙不可言,难怪人们过去总是把"想象"和"魔术"联系起来。"想象力"在成功学中,确实具有难以预料的魔力。

但是想象力并非"魔力",是我们每个人大脑里生来就有的一种思维能力。如果你想看看自己的想象力到底有多大能量,不妨就上面的几个例子自己试验一下。

将你的创意视觉化

将创意视觉化是许多创造人士成功的秘密,也是各行各业高效能表现的秘诀。你也可以试试以下几种想象游戏,去开发自己的天分。

请准备一颗红苹果、一颗橘子、一颗绿色的无花果、几颗红葡萄和一把蓝莓。把这些水果放在你面前的桌上,静静坐一会儿,让自己随着呼吸的起伏放松。接着,请你仔细观看苹果,用大约 30 秒的时间,研究苹果的形状和色泽。现在请你闭上眼睛,试着在心中重现苹果的形象。用同样的方式,轮流研究每一种水果。接着再重复练习一次,但这一次观察时请把水果握在手里。闻闻苹果的香味,并咬一口。把全部的注意力放在这颗苹果的味道、香味和口感上,在你吞咽下这口苹果时,闭上眼,尽情享受被引发的多重感官体验。请你继续用同样的方式,品尝上述的每一种水果,在你心灵的眼睛里,想象每一种水果的形象。接着再用你的想象力,创造出每种水果的实际形象,再放大一百倍。再把水果缩回原来的大小,再想象自己从不同的角度看水果。这个有趣的练习,能帮助你强化创意想象的逼真度与弹性。

著有《爱因斯坦成功要素》的闻杰博士发现了一种提高想象力的"影像流动法"。影像流动其实非常简单,是刺激右半脑和接触内在天才特质的好方法。

(1)先找个舒服的地方坐下来,"大吐几口气",用轻松的吐气帮助自己放松。轻轻闭上双眼,再把心中流过的影像大声说出来。

(2)大声形容流过心中的影像,最好是说给另一个人听,或是用录音机录下来亦可。低声的叙述无法造成应有的效应。

(3) 用多重感官体验丰富你的形容，五感并用。例如，如果沙滩的影像出现，别忘了描述海沙的质感、香味、口感、声音和外形。当然，形容沙滩的口感听起来很奇怪，但别忘了，这个练习可让你像最有想象力的人物一样思考。

(4) 用"现在式"时态去描述影像，更具有引出灵活想象力的效果，所以在你形容一连串流过的影像时，要形容得仿佛影像"现在"正在发生。

做这个练习时，不需要主题，只要把影像流动当作是漫游于想象与合并式思考中、不拘形式而流畅的奇遇。影像流动练习通常无须意识的指示，自行找到前进的动力，表达各种主题。你也可以用这个方法向自己提出某个问题，或是深入探讨某一个特定的主题。

第十二章

博弈思维
——根据对方的选择确定自己的最优选择

下棋与博弈思维

"博弈"这个词听起来高深莫测，其实它就是"游戏"的意思。更准确点说,是可以分出胜负的游戏。 博弈思维就是"游戏理论",或者说,是一种通过如何在"玩游戏"中获胜而采取的一系列的策略。

下棋,是人们非常熟悉也非常擅长的事情,也是生活中常见的博弈场景。几乎每个人都下过棋,且都希望取胜。为此,在下棋过程中常常为一着棋冥思苦想,最后做出决策。但是,很少有人知道,就在这"苦想"中实际包含"博弈思维法",即我们在大脑中设计了许多方案,并以极快的思维操作比较了它们的优劣,从中挑选出一种最好、最理想的方案付诸实际。这就是我们每一步的实际下法。下棋如此,对任何问题的认识也是如此。目前,博弈思维方法已成为一种科学思维方法,广泛应用于各类实践活动之中，尤其是在领导活动、军事活动、体育活动、生产经营活动、人际关系等社会生活中的各种情景中。

博弈思维最早产生于古代的军事活动和游戏活动中。在体育游戏中，经常会出现这种情况，即甲乙双方各出三个人进行摔跤比赛。甲乙双方的领头人不是让自己的队员随意地同对方某一队员较量，而是先了解清楚对方三名成员的实力，并把对方三名成员的实力同己方成员的实力进行客观对比，然后做出决定：谁打头阵，谁在中间，谁压轴，以自己的弱者去对付对方的最强者，以自己的最强者对付对方的次强者，以自己的次强者对付对方的最弱者，保证二比一稳赢对方。

博弈中，双方各自希望获胜，都在进行数学推算和心理揣摩。有时，推测正确，赢得胜利；有时，推测错误，就会失败。所以，博弈不是单方面的想法和行动，而是对立双方之间的互动，是双方各自做出科学、巧妙策略或对策的数学推演。

例如，"囚徒困境"中的甲和乙进行的就是一场策略和较量。

甲、乙两个人一起携枪准备作案，被警察发现抓了起来。警方怀疑，这两个人可能还犯有一起纵火罪，但没有充分的证据，于是分别进行审讯。为了分化瓦解对方，警方告诉他们：如果主动坦白，可以减轻处罚；如果顽抗到底，一旦同伙招供，就要受到严惩。

如果两人都不坦白，警察会以非法携带枪支罪而将二人各判刑 1 年；如果其中一人招供而另一人不招，坦白者作为证人将不会被起诉，另一人将会被重判 15 年；如果两人都招供，则两人都会因纵火罪各判 10 年。

甲、乙两个嫌疑犯在各自的房间里算起了小九九。

甲想：假如乙不招，我只要一招供，马上可以获得自由，而不招却要坐牢 1 年，显然招比不招好；假如乙招了，我若不招，则要坐牢 15 年，招了只坐 10 年，显然还是以招认为好。无论乙招与不招，我的最佳选择都是招认。还是招了吧。

乙想：假如甲不招，我只要一招供，马上可以获得自由，而不招却要坐牢 1 年，显然招比不招好；假如甲招了，我若不招，则要坐牢

15 年，招了只坐 10 年，显然还是以招为好。无论甲招与不招，我的最佳选择都是招认。还是招了吧。

结果甲、乙两个人都分别向警方坦白了自己的罪行。

甲和乙两个自认为聪明的人分别被判刑 10 年。

假如他们在接受审问之前有机会见面好好谈清楚，那该有多好，他们一定会同意拒不认罪。不过，接下来他们很快就会意识到，无论如何，那样一个协定也不见得管用。一旦他们被分开，审问开始，每个人内心深处那种企图通过出卖别人而换取一个更好判决的想法，就会变得非常强烈。这么一来，他们还是逃脱不了最终被判刑的命运。

博弈思维需要用到许多不同类型的技巧，其中一种是基本技巧，比如打篮球不能缺少的投篮能力，在法律界工作不能缺少的案例积累能力，下棋的时候需要记住大量的"定式"等。这些技巧一旦脱离了游戏，可能就没有多大用处了。但博弈论的策略思维则是另外一种技巧，它要求从你的基本技巧出发，考虑的是怎样将这些基本技巧最大限度地发挥出来。这是具有普遍意义的原则，可以应用于生活的方方面面。

理性是博弈思维的内核

两个旅行者从一个出产细瓷花瓶的地方回来，都买了花瓶。可是提取行李的时候，发现花瓶被摔坏了。于是，他们向航空公司索赔。航空公司知道花瓶的价格总在八九十元上下浮动，但是不知道两位旅客买的确切价格是多少。于是，航空公司请两位旅客在 100 元以内自己写下花瓶的价格。如果两人写的一样，航空公司将认为他们讲的是真话，并按照他们写的数额赔偿；如果两人写得不一样，航空公司就认定写得低的旅客讲的是真话，并且照这个低的价格赔偿，但是对讲真话的旅客奖励 2 元钱，对讲假话的旅客罚款 2 元。

为了获取最大赔偿，甲、乙两位旅客最好的策略就是都写 100 元，这样两人都能够获赔 100 元。

可是甲很聪明，他想：如果我少写 1 元变成 99 元，而乙会写 100 元，这样我将得到 101 元。何乐而不为？所以他准备写 99 元。可是乙更加聪明，他算计到甲要算计自己而写 99 元，"人不犯我，我不犯人，人若犯我，我必犯人"，于是他准备写 98 元。想不到甲又聪明一层，算计出乙要这样写 98 元来坑他，"来而不往非礼也"，他准备写 97 元……

最后的结果可想而知，两个人都写了 1 元。航空公司获得了最大的利益。

为什么会出现这样的场面呢？

因为博弈论的基本假设是：人都是理性的。

这个基本预设的含义是：人们在面对问题和一个个具体情境的时候，都不是盲动的、莽撞的、没头脑的，而是能够在选择策略的时候有明确的目标，就是使自己的利益最大化。

这就好比两人下棋，你出子的时候，为了赢棋，得仔细考虑对方的想法，而对方出子时也得考虑你的想法，所以你还得想到对方在想你的想法，对方当然也知道你想到了他在想你的想法。

这就是所谓的"你知道我知道，我知道你知道……"的博弈循环。

在花瓶索赔的例子中，两个人都"彻底理性"和"聪明绝顶"，都能看透十几步甚至几十步、上百步，而且都聪明地猜到了对方将要采用的策略，但遗憾的是，两个理性人"精明比赛"的结果，是每个人都只写 1 元的田地。

还有一个故事，也可以体现出理性是博弈思维的前提和基础：

两个朋友一起去深山里面游玩，结果遇到了一只熊，他们都十分害怕。其中一个人弯腰下去把鞋带系好，做好逃跑的准备，另一个人对他说："你这样是没有用的，你不可能跑得比熊快。"那个准备跑的人回答说："我不需要跑得比熊快，我只要跑得比你快就行了。"

这个故事告诉我们，在博弈中的人有时别无选择，他们必须力争让同伴成为最大的牺牲品，这样才能让自己获得可能最好的处境，这就是出卖合作者原则。在这个"朋友和熊"的故事里面，那个准备逃跑的人面临的选择有以下几个：选择 A——不逃被熊吃掉；选择 B——逃跑，被熊吃掉；选择 C——逃跑，得以生还。在这些选择里面，如果选择逃跑，会有生还的机会，而他的朋友也有同样的几个选择。对于选择逃跑的人来说，只要他选择了逃跑，就会有生还的机会，而他的朋友选择不逃跑，生还的机会自然属于他；朋友选择逃跑，就需要一个附加的条件——他跑得比自己的朋友快，这样才会生还。所以，在这一博弈过程中，无论他的朋友做出什么选择，只要他自己拼命去跑，就会有机会生还，这是一个标准的囚徒困境模式。虽然这只是一个故事，但是这种思考并且做出选择的模式则十分常见，并且不断出现。这个故事里面就有一个摆脱困境的策略——出卖合作者的原则。处于此种状况，没有什么十全十美的好办法能让自己既从困境中逃脱，又获得利益，只能尽量做到使自己不受侵害，让与自己一起的人受伤。出卖合作者从道德层面上而言是不对的，但就博弈思维来说，则是迫不得已的选择。

孔子说："人心比山川还要险恶，知人比知天还难。天还有春秋冬夏和早晚，可人呢，表面看上去一个个都好像很老实，但内心世界却包得严严实实，深藏不露，谁又能究其根底呢？"

平常的好人也会在利害关头表现出他的恶。例如，有人为了升迁，不惜设下圈套打击其他竞争对手；有人为了生存，不惜在利害关头出卖朋友；有人走投无路，狗急跳墙，于是行骗行抢……有时欺骗我们的恰恰是我们的好朋友。

于是，有人感慨，世态炎凉，其实完全没必要，因为整个世界上所有人实际上都处于一场博弈之中，博弈中的人都是理性的，每个人的行为表现必定都有他的目的，都要符合自己的利益原则，你幻想别人是好的，其实也是对自己好，因为对有的人，每个人的评价不一样，即使你身边的朋友，大家也都褒贬不一，因为从别人身上得到好处或利益的人，人们就会说他好，得不到利益或损害了自己的利益，也许因为嫉妒或伤害而贬低对方，这些都是正常的，即使出卖了合作者，甚至是自己最好的朋友，但那是为了自己的利益也是迫不得已。虽然他们的良心受到谴责，但这也是博弈规则下的无奈。

在多种备选方案中选择最佳

目标明确之后，就要围绕目标寻找各种可能的方案，并尽可能安全。因为每一种可能的方案都有可能成为最后的决策。众多的备选方案是针对实际行为中可能出现的情况而制定的，在进行对比分析、组合分析、概率分析以及心理分析之后，方可选中某一方案作为最后方案。

在对待复杂事物时，要想使可能方案完备不太可能，使最后方案达到最理想状态也不太可能。就像一个人，按医学的要求，他身上的各类元素达到一定的量才是最理想、最健康的，但这种人是不存在的，只存在于温室中。因为，一旦现实的人身上的各类要素均达到医学中最理想的要求时，他就不是一个现实的人而是各类要素的堆积。

即便如此，在探索备选方案时，仍要努力避免两种误区：一是避免以偏概全、以次充好；一是只给出一种方案，不进行选择。当在探索合适的备选方案时全力以赴，即使在博弈中因各个方面的实力都不敌对方而失败，也不致产生遗憾；而没有供选择的方案，常会因双方对局的形势的小变化而使自己处于劣势。所以，这两种做法都是不可取的。

我们从影视剧中看到警匪对峙时，警方都会准备几套行动方案，这些方案都是基于对整个事件各个环节可能出现的各种问题所设计的对策，以应对行动中的各种可能的变化。同时，对方也会设计多种方案，和警方周旋，以求脱身。然而，在警方与匪方的博弈中，因双方获取资源和信息的渠道、数量、准确度等差异，往往使警方占上风。

为了保证在双方的博弈中占据优势、取得胜利，不但要准备多种方案，还要在执行时选出最合适的方案。

大家都知道荷兰是花园之国，但由乱丢垃圾引起的城市环境卫生问题也曾让相关部门很是头疼。

政府部门动员卫生局的全体员工献计献策，很快，员工们提出了第一个解决方案：

对乱堆乱放垃圾者罚款 25 元。可是，许多居民并不在乎这些小钱，垃圾还是照样乱丢不误。

于是，当局把罚款额提高到了 50 元。一些人白天怕罚款，就晚上偷偷跑到街上一倒了事。

不久，员工们又提出了第二种方案：增加街道巡逻人员，采取强硬措施。但是收效甚微。

该市的卫生工作人员可谓绞尽了脑汁，他们又用了其他几种办法，结果也都不理想。

正在局长大为烦恼的时候，一个年轻的职员走进了局长的办公室："局长，我现在有一个更好的办法能够解决目前的垃圾问题。"

过了几天，这个年轻人的方案落实了下去，效果出奇的好。

这是为什么呢？

原来这个年轻人通过对前几种方案的观察，提出了新的方案：

设计一种电动垃圾桶，桶上装有感应器，每当垃圾丢进桶里，感应器就启动录音机，播出一则事先录制好的笑话，笑话内容经常变，不同的垃圾桶笑话也不同。

这样，市民们被这个新奇的玩意儿吸引了，开始喜欢往垃圾桶里倒垃圾了。

从另一个角度讲，各种备选方案并非都是可实行的方案，哪一个预选方案可以实行就依赖于对预选方案进行价值分析、效益分析、可行性分析、风险度（可靠性和可信度）分析等。只有通过这样的分析，方可判断出诸方案的优劣好坏来。当然，判断的标准不一样，也会得出不同的结论。

智猪博弈与借势发展

博弈中有一个经典模型——智猪博弈。

假设猪圈里有两头猪同在一个食槽里进食，一头大猪，一头小猪。我们假设它们都是有着认识和实现自身利益的充分理性的"智猪"。猪圈两头距离很远，一头安装了一只控制饲料供应的踏板，另一头是饲料的出口和食槽。猪每踩一下踏板，另一头就会有相当于10份的饲料进槽，但是踩踏板以及跑到食槽所需要付出的"劳动"，加起来要消耗相当于2份的饲料。

两头猪可以选择的策略有两个：自己去踩踏板或等待另一头猪去踩踏板。如果某一头猪做出自己去踩踏板的选择，不仅要付出劳动，消耗掉2份饲料，而且由于踏板远离饲料，它将比另一头猪后到食槽，从而减少吃到饲料的数量。我们假定：若大猪先到（即小猪踩踏板），大猪将吃到9份的饲料，小猪只能吃到1份的饲料，最后双方得益为[9，−1]；若小猪先到（即大猪踩踏板），大猪和小猪将分别吃到6份和4份的饲料，最后双方得益为[4，4]；若两头猪同时踩踏板，同时跑向食槽，大猪吃到7份的饲料，小猪吃到3份的饲料，即双方得益为[5，1]；若两头猪都选择等待，那就都吃不到饲料，即双方得益均为0。

那么这个博弈的均衡解是什么呢？这个博弈的均衡解是大猪选择踩踏板，小猪选择等待，这时，大猪和小猪的净收益水平均为4个单位。这是一个"多劳不多得，少劳不少得"的均衡。

我们知道，在博弈中，博弈双方都会选择最优策略，而且都明确知道对方的最优策略，所以，在这场博弈中，小猪所选择的策略只有一个——等待，而这一策略又是为大猪所知的，那么，大猪便毫无其他选择，尽管心不甘，也没有办法。

在生活中，智猪博弈也是无处不在的。

在一个股份公司当中，股东都承担着监督经理的职能，但是大小股东从监督中获得的收益大小不一样。在监督成本相同的情况下，大股东从监督中获得的收益明显大于小股东。因此，小股东往往不会像大股东那样去监督经理人员，而大股东也明确无误地知道不监督是小股东的优势策略，知道小股东要搭大股东的便车，但是别无选择。大股东选择监督经理的责任、独自承担监督成本，是在小股东占优选择的前提下必须选择的最优策略。这样一来，与智猪博弈一样，从每股的净收益（每股收益减去每股分担的监督成本）来看，小股东要大于大股东。

这样的客观事实就为那些"小猪"提供了一个十分有用的成长方式，那就是"借"。有一句话叫作"业成气候人成才"。仅仅依靠自身的力量而不借助外界的力量，一个人很难成就一番大事业。在市场营销中更是如此。每一位营销者要想发展，都必须学会利用市场上已经存在的舞台和力量。只有具备更高的精神境界，才能借助外界的力量，把自己托上广阔的天空。

在商业运作中也可以借助他人的力量，但要求有自己的主导产品，才能在发展中坐坐"顺风车"。

蒙牛乳业的副总裁孙先红就成功策划了一场坐"顺风车"的广告宣传。

"蒙牛"曾是个名不见经传的企业，它是如何以如此快的速度使得"蒙牛"尽人皆知，又是怎样在强大的竞争对手压力之下跻身全国乳业前列？原来，蒙牛深知"借势"的作用，在自己很弱小时就站在巨人的肩膀上进行了超越。

走向 1999 年的蒙牛，钱少，名小，势薄。更为残酷的是，蒙牛与伊利同城而居。在狮子鼻尖下游走，在巨人脚底下起舞，在鲁班门前耍大斧，行吗？

但是，事物总有两面性。伊利既是强大的竞争对手，同时也是蒙牛学习的榜样。伊利不正为蒙牛提供了后发优势吗？

好，那就站到巨人的肩膀上。

孙子说，用兵之道，以正合，以奇胜。面对严峻的市场，蒙牛的借势之作腾空而起：创内蒙古乳业第二品牌。

内蒙古乳业的第一品牌是伊利，这是世人皆知的。可是，内蒙古乳业的第二品牌是谁？没人知道。蒙牛一出世就提出创"第二品牌"，这等于把所有其他竞争对手都甩到了身后，一起步就"加冕"到了第二名的位置。而且，伊利也是中国冰激凌第一品牌——蒙牛这光沾大了，这势借巧了。

创意出来了，如何用最少的钱最大化地把它传播出去？

有调查报告称，打知名度，第一媒体是电视，第二媒体是户外广告。经过一个月的考察，孙先红认为在呼和浩特，花同样的钱，路牌广告的效果比电视广告要好。

当时在呼市经营路牌广告的益维公司，大量资源处于闲置状态，没人认识到这一广告资源的宝贵。

孙先红就用"马太效应"策动益维负责人：你的牌子长时间没人上广告，那就会无限期地荒下去，小荒会引起大荒；如果蒙牛铺天盖地做上 3 个月，就会有人认识到它的价值，一人买引得百人购。所以，我们大批量用你的媒体，其实也是在为你做广告，你只收工本费就会成为大赢家。

结果，蒙牛只用成本价，就购得了 300 多块路牌广告的发布权。发布期限为 3 个月。

媒体有了，怎么发布？

用红色！因为红色代表喜庆，红色最惹眼、最醒目。

出奇兵！不能陆陆续续上，必须一觉醒来，满大街都是。不鸣则已，一鸣惊人。

1999 年 4 月 1 日就是这样一个日子。一觉醒来，人们突然发现所有主街道都戴上了"红帽子"——道路两旁冒出一溜溜的红色路牌广告，上面高书金黄大字："蒙牛乳业，创内蒙古乳业第二品牌！"并注："发展乳品工业，振兴内蒙古经济。"

一石激起千层浪。夺目的广告牌吸引了无数探寻的眼睛，角角落落流传着一个话题："蒙牛"是谁的企业？以前怎么没听说过？工厂在哪儿？扬言创"第二品牌"，是吹牛还是真有这么大的本事……

人们认识蒙牛了。

但随后，蒙牛却遇到了一件不寻常的事。1999 年 5 月 1 日，一夜之间，有 48 块服务蒙牛的路牌，被不明身份的人抢着棍棒砸得稀烂。

蒙牛再次成为关注的焦点。

内蒙古几乎所有媒体都参与了报道。5月份是"声讨月",《谁砸了蒙牛的招牌?》、《路牌广告惨遭损毁》、《"砸牌"莫如摊牌》……一篇篇报道,一张张图片,见诸报纸,飞入千家万户。

6月份是"剖析月",《蒙牛挑战伊利》、《蒙牛在伊利门前摆擂台》、《伊利、蒙牛谁将挺立潮头》……一篇篇报道,一张张图片,通过报纸,再次飞入千家万户。

蒙牛的广告牌被砸了,虽没能找到作案者,但人们了解蒙牛了,蒙牛"创内蒙古乳业第二品牌"的理念,以急风暴雨之势,已经深入人心了。

蒙牛能够做到在短时间让人认识、了解,最终认同它的理念,不但得力于强大而巧妙的广告攻势,更得力于对乳业巨人伊利的借势。如果没有伊利的"第一",蒙牛也就无从想出"第二"。我们可以看到,蒙牛整个造势过程,都是以伊利为标杆的,无论是以蒙牛的"前辈",还是以竞争对手的身份出现,伊利这个中国乳业的老大着实做了一把蒙牛的配角,把蒙牛"捧红"了。

兵法《三十六计》中有计为:"树上开花,借局布势,力小势大。鸿渐于陆,其羽可用为仪也。"这是指利用别人的优势造成有利于自己的局面,虽然兵力不大,却能发挥极大的威力。这也是智猪博弈中,小猪的最优策略。大雁高飞横空列阵,全凭大家的长翼助长气势。

吃小亏占大便宜

博弈过程中经常会出现这样的现象:即每一次的最优策略都会带来损失,但是它最后能够赢得全局的胜利。这就像打仗,即使输掉了每一场战役,却依然能赢得整个战争。反之,即使赢得了每一场战役,也不一定能赢得整个战争。要想赢得战争,有时就要输掉战役,也就是要有长远的眼光。

美国第九届总统威廉·哈里逊小时候家里很贫穷,他沉默寡言,家乡的人们甚至认为他是个傻孩子。有一次，一个人跟他开玩笑，拿一枚5美分的硬币和一枚1美元的硬币放在他的面前让他挑，说挑哪个就送他哪个。哈里逊看了看，挑了5美分的硬币。这一举动逗得人们哈哈大笑，人们都以为哈里逊是个傻小孩。

这事很快在当地传开了，很多人都饶有兴致地来看这个"傻小孩"，并拿来5美分和1美元的硬币让他挑。每次，哈里逊都是拿那枚5美分的，而不拿1美元的。一位妇女看他这样可怜，就问他："你难道真的不知道哪个更值钱吗?"哈里逊回答说："当然知道，夫人，可是我拿了1美元的硬币，他们就再也不会把硬币摆在我面前，那么，我就连5美分也拿不到了。"

如果从某一次合作的局部看可能是吃亏的，但是这次合作对全局发展却起到极大的作用，那么这种亏是值得吃的。这正是俗语所谓"吃小亏占大便宜"，细细一想的确十分传神。

顾维钧是近代中国著名的外交家，他有一段关于吃亏的论述十分精彩。顾维钧以为中国的事情难办，尤其外交难办。他以为内政的对象是人民，外交的对象是国家。在内政上有时候可以开大价钱，可以开空头支票，反正人民无知无力，对你也无可奈何。至于外交，那就得货真价实，不能假一点，不能要大价钱，否则就会自讨没趣，自食其果。他曾经不无惋惜地说："中国的外交，从巴黎和会以来，我经手的就很多。所犯的毛病，就是大家乱要价钱，不愿意吃明亏，结果吃暗亏；不愿意吃小亏，结果吃大亏。"

顾维钧虽然是在说国际交往，但是事实上符合生活中的许多事情，分辨明亏与暗亏，大亏与小亏，这是每一个人走向成功必须具有的智慧。

有一个年轻人大学刚毕业就进入出版社做编辑，他的文笔很好，但更可贵的是他的工作态度。

那时出版社正在进行一套丛书的编辑，每个人都很忙，但老板并没有增加人手的打算。于是编辑部的人也被派到打印部、业务部帮忙，但整个编辑部只有那个年轻人接受老板的指派，其他的都是去一两次就抗议了。

他说:"吃亏就是占便宜嘛!"

事实上也看不出他有什么便宜可占,因为他要帮忙包书、送书,像个苦力工一样。他真是个可随意指挥的员工,后来他又去业务部,参与直销的工作。此外,连取稿、跑印刷厂、邮寄……只要开口要求,他都乐意帮忙!

"反正吃亏就是占便宜嘛!"他这么说。

两年过后,他自己成立了一家文化公司,做得还不错。

原来他是在吃亏的时候,把编辑、发行、直销等工作都摸熟了。他真的是占了大便宜啊!

如果吃亏能让你得到比其他人更多的工作经验,更多的发展机会,那么吃亏也就是占便宜。这个年轻的大学生,在最初工作的时候,随意地被老板和其他员工指派,但就是在这个过程中,他积累了工作经验、人脉关系,在短短两年之后成功地开创了自己的事业。

在工作中,我们不要总是计较工作的轻重,比别人干多了,还是干少了,重要的是能否得到自己所需要的知识技能。尤其是年轻人,这样的吃亏实际上恰恰是输战役而赢战争的积累,因为它使你积累了工作经验,提高了自己的办事能力,扩大了人际关系网络。

"吃小亏,占大便宜"是长远博弈的一种体现,这是一种不计眼前、着眼长远的智慧。拥有这一思维的人,不会为近期的逆境所困惑,而着重于在逆境与冷落中学习、积累、升华,从而获得质的飞跃,达到"不鸣则已,一鸣惊人"的效果。

货比三家的艺术

在熙熙攘攘的集市上,我们经常会看到这样的场景:买家看中了一件东西,而卖家也看出买家对这件东西感兴趣。于是,一场讨价还价开始了。

"多少钱?""18 元!""你想抢钱啊,2 元!""16 元!""还是太贵了,4 元!""我让一点, 14 元!""我加一点, 6 元!""最低 12 元,不然没钱赚了。""最高 8 元,不然我到别家去买。""算了,成本价给你, 10 元!""那就 10 元吧,让你赚就赚吧!"

看着他们的价位像钟摆一样,摆过来,摆过去,最后停在 10 元上,有人也许会想:"为何不一开始就卖 10 元? 都省事。"而实际上, 10 元是双方博弈后的结果,如果不通过讨价还价,谁也不知道 10 元是双方的最佳成交价。

在讨价还价的过程中,博弈当事人的利益是对立的,一方利益的增加会损害另外一方的利益。但双方为了避免两败俱伤,就会在达成协议的底线和争取较优结果中进行权衡。

但如此的讨价还价始终是对卖方有利的,因双方信息的不对等性,使得卖方总是获益较大,而买方虽然少付了一些钱,但这种策略对他来说仍不是最优的。

那么,最优的策略是什么呢?

货比三家!

下面这个例子便可以让我们知道货比三家的艺术:

王先生想在自家别墅后面修一个游泳池,要求有温水过滤装置,并在两个月内完工。王先生在游泳池的造价及建筑质量方面是个彻头彻尾的外行,但是这并没有难倒他。他首先在报纸上登了个建造游泳池的招商广告,具体写明了建造要求。很快有 a、b、c 三位承包商前来报上了承包详细标单,里面有各项工程费用及总费用。王先生仔细地看了这三张标单,发现所提供的抽水设备、温水设备、过滤网标准和付钱条件等都不一样,总费用也有不小的差距。

于是,王先生邀请 a、b、c 三位承包商到自己家里商谈。第一个约定在上午 9:00,第二个约定在 9:15,第三个约定在 9:30。三位承包商如约准时到来,但王先生客气地说,自己有件急事要处理,一会儿再与他们商谈。三位承包商只得坐在客厅里一边彼此交谈,一边耐心等待。10:00 的时候，王先生出来请承包商 a 先生进到书房去商谈。a 先生一进门就介绍自己干的游泳池工程一向是最好的，建家庭游泳池实在是小菜一碟。同时，他还顺便告诉王先生，b 先生曾经丢下许多未完的工程，现在正处于破产的边缘。接着，王先生请 b 先生进行商谈。王先生从 b 先生那里又了解到，其他人提供的水管都是塑胶管，只有 b 先生所提供的才是真正的铜管。最后，王先生出来请 c 先生进行商谈。c 先生告诉王先生，其他人所使用的过滤网都是品质低劣的，并且往往不能彻底做完，而自己则绝对能做到保质、保量、保工期。

王先生通过耐心的倾听和旁敲侧击的提问，基本上弄清了游泳池的建筑设计要求，特别是掌握了三位承包商的基本情况：a 先生的要价最高，b 先生的建筑设计质量最好，c 先生的价格最低。经过权衡利弊，王先生最后选中了 b 先生来建造游泳池，但只给 c 先生提出的标价。经过一番讨价还价之后，谈判终于达成一致。

就这样，三个精明的商人没斗过一个建筑外行。王先生在极短的时间内，不仅自己从外行变成了内行，而且还找到了质量最好、价钱最便宜的建造者。这种所谓让卖家与卖家竞争的策略设计，其中就包含着对外部机会的巧妙算计。

这个世界的任何商品，其价值都是因为有人争夺才产生的。阳光没人争，市价是零；空气没人争，市价也是零；但马尔代夫的阳光和空气，有很多人争，于是价值不菲。

同样是由于市场的安排无形中造成了一种竞争的环境，英特尔和 AMD 都不得不为它们生产的中央处理器（CPU）标出足够低的价格；而基金公司也不得不提供更优惠的申购费率以吸引投资者；至于结了婚的夫妇，其对各自利益的谋取可能会变成一场两个人玩的博弈游戏。

在与人讨价还价的时候，要时刻记得，潜在的利益谋取者相互竞争会导致讨价还价能力的降低。因此如果你是卖主，尽量不要把其他卖主的信息透露给潜在的顾客；如果你是买主，不要与其他买主一起抢购某种商品，而且最佳策略是货比三家，之后再做定夺。

物以稀为贵的背后

一位印度人拿了三幅画，这三幅画均出自名画家之手。这些画恰好都被一位美国画商看中，这位美国人自以为很聪明，他认定：既然这三幅画都是珍品，必有收藏价值，假如买下这三幅画，经过一段时期的收藏肯定会大涨价，那时自己一定会发一笔大财。他打定主意，无论如何也要买下这三幅画。

于是，他问那位印度人："先生，你带来的画不错，如果我要买的话，你看要多少钱一幅？"

"你是三幅都买呢，还是只买一幅？"印度人反问道。

"三幅都买怎么讲？只买一幅又怎么讲？"美国人开始算计了。他的如意算盘是先和印度人敲定一幅画的价格，然后再和盘托出，把其他两幅一同买下，肯定能占着点儿便宜，多买少算嘛！

印度人并没有直接回答他的问题，只是表情上略显难色。美国人却沉不住气了，他说："那么，你开个价，一幅要多少钱？"

这位印度人是一位地地道道的精商，他知道自己的画的价值，而且他还了解到，美国人有个习惯，喜欢收藏古董名画，一旦看上是不会轻易放弃的，一定肯出高价买下。并且他从美国人的眼神中看出，这个美国人已经看上了自己的画，印度商人心中就有底儿了。

印度人于是装作漫不经心的样子回答说："先生，如果你真心诚意地买，我看你每幅给 2.5 万美元吧！这够便宜的！"

美国画商并非商场上的庸手，他抓住多买少算的砝码，一美元也不想多出。于是，两个人讨价还价，谈判一下陷入了僵局。

那位印度人灵机一动，计上心来，装作大怒的样子，起身离开了谈判桌，拿起一幅画就往外走，到了外面二话不说就把画烧了。美国人很是吃惊，他从来没有遇到过这样的对手，对于烧掉的一幅画又惋惜又心痛。于是小心翼翼地问印度人剩下的两幅画卖多少钱？想不到烧掉一幅画后的印度人要价的口气更是强硬，两幅画少于 7.5 万美元不卖。

美国画商觉得太亏了，少了一幅画，还要 7.5 万美元。于是，强忍着怨气还是拒绝，只是希望少一点价钱。

想不到，那位印度人不理他这一套，又怒气冲冲地拿出一幅画烧了。这回，美国画商可真是大惊失色，只好乞求印度人不要把最后一幅画烧掉，因为自己太爱这幅画了。接着又问这最后一幅画多少钱？

想不到印度人张口还是 7.5 万美元。这一回画商有点儿急了，问："三幅画与一幅画怎么能一个价钱呢？你这不是存心戏弄我吗？"

这位印度人回答："这三幅画出自于知名画家之手，本来有三幅的时候，相对来说价值小点儿。如今，只剩下一幅，可以说是绝宝，它的价值已经大大超过了三幅画都在的时候。因此，现在我告诉你，这幅画 7.5 万美元不卖，如果你想买，最低得出价 10 万美元。"

听完后，美国画商一脸的苦相，没办法，最后以 10 万美元成交。

这就是"物以稀为贵"的道理。

当博弈的一方占有稀缺资源时，他便是占据上风的。像上面故事中的印度人和美国画商，他们都在博弈中设计自己的最优策略，然而，当印度人将该资源转换为稀缺资源时，美国画商的最优策略必然要改变，并做出妥协。虽然美国画商多付了钱，但该策略对他来说无疑是最优的；印度人之所以敢于做出毁画的大胆举动，关键在于他了解美国画商的策略是什么。双方又存在着信息不对称的问题，但并不妨碍最后交易的完成。

这一点给我们带来的最大的启示就是：要做少数者，要与众不同。由于资源是有限的，在一个社会中只有这一部分少数者能充分享有。